Mapas, gráficos e redes
elabore você mesmo

Marcello Martinelli

© Copyright 2014 Oficina de Textos

Grafia atualizada conforme o Acordo Ortográfico da Língua Portuguesa de 1990, em vigor no Brasil desde 2009.

CONSELHO EDITORIAL Cylon Gonçalves da Silva; Doris C. C. K. Kowaltowski; José Galizia Tundisi; Luis Enrique Sánchez; Paulo Helene; Rozely Ferreira dos Santos; Teresa Gallotti Florenzano

CAPA E PROJETO GRÁFICO Malu Vallim
PREPARAÇÃO DE TEXTOS Helio Hideki Iraha
DIAGRAMAÇÃO E PREPARAÇÃO DE FIGURAS Maria Lúcia Rigon
REVISÃO DE TEXTOS Elisa Andrade Buzzo
IMPRESSÃO E ACABAMENTO Vida & Consciência editora gráfica

Dados Internacionais de Catalogação na Publicação (CIP)
(Câmara Brasileira do Livro, SP, Brasil)

Martinelli, Marcello
    Mapas, gráficos e redes : elabore você mesmo / Marcello Martinelli. -- São Paulo : Oficina de Textos, 2014.

    Bibliografia.
    ISBN 978-85-7975-132-5

    1. Cartografia 2. Geografia 3. Gráficos estatísticos 4. Mapas I. Título.

14-036/4   CDD-526

Índices para catálogo sistemático:
    1. Mapas, gráficos e redes : Cartografia geográfica 526

Todos os direitos reservados à **Oficina de Textos**
Rua Cubatão, 959
CEP 04013-043 – São Paulo – Brasil
Fone (11) 3085 7933   Fax (11) 3083 0849
www.ofitexto.com.br   e-mail: atend@ofitexto.com.br

Sumário

Introdução 5

1 Generalidades 7
    1.1 O encaminhamento básico 7
    1.2 Elaborar mapas, gráficos e redes 9
    1.3 Mapas, gráficos e redes: para que e para quem servem? 11
    1.4 Por onde começa a elaboração de mapas, gráficos e redes? 12
    1.5 O uso dos mapas, gráficos e redes: noções preliminares 13

2 Os mapas 19
    2.1 Os antecedentes 19
    2.2 Elaboração e uso 22

3 Os gráficos 71
    3.1 Os antecedentes 71
    3.2 Elaboração e uso 72

4 As redes 109
    4.1 Os antecedentes 109
    4.2 Elaboração e uso 110

Considerações finais 117

Referências bibliográficas 119

Introdução

A proposta de um livro sobre mapas, gráficos e redes nasceu da necessidade de trabalhar com eles junto aos alunos do curso de graduação em Geografia.

O aprendizado e a experiência adquiridos com os mestres Bochicchio, De Biasi, Libault, Bertin, Bonin, Gimeno e Rimbert conduziram a uma reflexão sobre o significado dos mapas, gráficos e redes diante do saber geográfico e sua respectiva posição na estrutura curricular desse ramo do ensino superior.

Os mapas constituem o objeto de estudo da Cartografia. Já os gráficos e as redes não pertencem à Cartografia e estão, certamente, mais ligados à Matemática e à Estatística, pois têm suas bases na proposta de Descartes (1596-1650) para a descrição da posição de pontos no plano. A partir dessa proposta foi possível a elaboração dos gráficos de relações, dos gráficos de funções e das redes na Matemática, depois explorados também na Estatística.

Assim, este livro se destina, basicamente, aos estudantes de graduação interessados nessa temática, também podendo ser oportuno para alunos das últimas séries dos cursos de nível médio ou técnico. Ainda poderá interessar a pós-graduandos, pesquisadores e profissionais dos vários campos científicos, na medida em que vislumbrem conhecer melhor mapas, gráficos e redes, para que os reconheçam não apenas como meras ilustrações, mas como meios de registro, pesquisa e comunicação visual dos resultados obtidos em seus estudos, com o fim de revelar informações.

A abordagem se inicia encaminhando o interessado para uma incursão num domínio bastante específico – o da *representação gráfica*. Complementa-se essa reflexão com considerações básicas sobre o que significa fazer mapas, gráficos e redes, para em seguida dar esclarecimentos sobre a coleta e a apresentação dos dados e o processamento para sua efetiva representação. Termina-se com uma breve explanação sobre seu uso, contemplando sua leitura, análise e interpretação.

O conteúdo da obra está organizado em três grandes partes fundamentais: uma sobre os mapas, outra sobre os gráficos e uma terceira acerca das redes. Em cada parte, após fazer um breve histórico, entra-se no assunto, subdividido em itens pertinentes.

No caso dos mapas, será levada em conta uma estrutura metodológica que articula as representações em mapas, mais especificamente as da Cartografia Temática, de maneira a possibilitar a indicação dos métodos apropriados a serem adotados em sua elaboração. Seu uso também será visto.

No que tange aos gráficos, serão considerados os três sistemas básicos de coordenadas: cartesiano, polar e triangular. Em cada tópico apresentado, serão abordadas também questões que poderão encaminhar o interessado a vislumbrar seu uso.

Com relação às redes, serão abordados quatro tipos de construtos: os dendrogramas, os organogramas, os fluxogramas e os cronogramas. Serão vistos seus usos mais frequentes.

Deve-se esclarecer ao leitor, outrossim, que não foram incluídas, no âmbito desta obra, reflexões e orientações a respeito da informática e da adoção de tecnologias computacionais, pelo simples fato de serem consideradas sempre bem-vindas como tais, em qualquer momento da elaboração de mapas, gráficos e redes. Em particular, julga-se oportuna a adoção, de forma crítica, da múltipla variedade de *softwares* específicos disponíveis, bem como dos Sistemas de Informações Geográficas (SIG), por reputá-los excelentes aplicativos, capazes de resolver plausivelmente a elaboração desses construtos e de ler, analisar e interpretar os resultados obtidos. Os SIG, especialmente, contribuem ainda com a capacidade de simular estados complexos da realidade que está sendo objeto de estudo, o que constitui uma necessidade essencial da modernidade em que se vive e que não pode ser imaginada sem um adequado desenvolvimento metodológico basilar.

Considera-se este empreendimento uma proposta básica para o ensino e a aprendizagem de mapas, gráficos e redes de forma crítica, conscientizando os que se propõem a realizar essa tarefa da necessidade de uma desmitificação – a do mito com base no qual as representações gráficas são expressões ingênuas, veiculadas como despretensiosas ilustrações.

O autor

Agradecimentos: Profª. Graça Maria Lemos Ferreira
Assessoria didática para a 1ª edição, de 1998
Helena Ito (CDDI/Copes – IBGE)
Dados estatísticos para esta edição

capítulo 1
GENERALIDADES

1.1 O encaminhamento básico
1.1.1 A representação gráfica

Para encaminhar a presente proposta de trabalho com mapas, gráficos e redes, faz-se necessário introduzir o leitor num domínio bastante específico, o da *representação gráfica*. Ele se insere no mundo da comunicação visual, que compartilha do universo da comunicação social.

A comunicação está presente em todos os momentos e situações da vida em sociedade, pois é uma necessidade básica entre os homens: há sempre uma busca de interação social por meio de mensagens (Bordenave, 1987).

A representação gráfica constitui, portanto, uma linguagem de comunicação visual, sendo também bidimensional e atemporal, porém de caráter monossêmico (com significado único). Sua especificidade reside, em essência, no fato de estar fundamentalmente vinculada ao âmago das relações que podem acontecer entre os significados dos signos. Interessa, portanto, ver instantaneamente as relações que existem entre os signos que significam relações entre objetos, fatos e fenômenos que compõem a realidade considerada, deixando para um segundo plano a preocupação com a relação entre o significado e o significante dos signos, característica básica dos sistemas semiológicos polissêmicos (com significados múltiplos). É o que acontece na comunicação feita por meio da fotografia, pintura, desenho, grafismo, publicidade, propaganda etc., que criam imagens figurativas ou abstratas (Denègre, 2005).

A imagem figurativa ou abstrata é polissêmica. Diante dela se pergunta: "o que diz a imagem?". Para cada pessoa, ela conota algo. Há, portanto, ambiguidade (Fig. 1.1).

A representação gráfica da Fig. 1.2 é monossêmica. Há somente uma maneira de dizer que

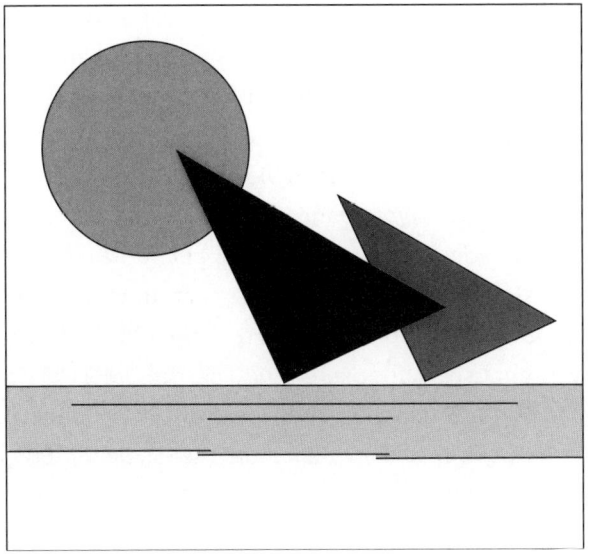

Fig. 1.1   Imagem abstrata

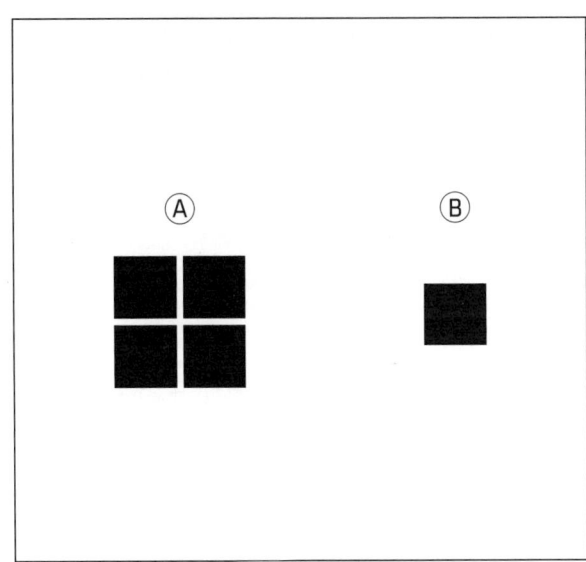

Fig. 1.2   Representação gráfica

a indústria A emprega quatro vezes mais trabalhadores que a indústria B. A representação comportará um quadrado referente à indústria A quatro vezes maior que o quadrado da indústria B. Não há ambiguidade.

Portanto, ao elaborar mapas, gráficos e redes, deve-se considerar o fato de estar trabalhando no domínio da representação gráfica, e, para tanto, faz-se necessário, como em toda comunicação visual, aprender a ver.

A tarefa essencial da representação gráfica é transcrever, por relações visuais de mesma natureza, as três relações fundamentais – de diversidade (≠), ordem (O) e proporcionalidade (Q) – que se podem estabelecer entre objetos, fatos e fenômenos da realidade. A transcrição gráfica será universal, sem ambiguidade.

Assim, a diversidade será transcrita por uma diversidade visual; a ordem, por uma ordem visual; e a proporcionalidade, por uma proporcionalidade visual (Rimbert, 1964, 1968, 1990; Monkhouse; Wilkinson, 1971; Bertin, 1973, 1977; Bonin, 1975; Libault, 1975; André, 1980; Gimeno, 1980; Cuff; Mattson, 1982; Bord, 1984; Dent, 1985; Fillacier, 1986; Duarte, 1991; ACI, 1993; MacEachren, 1995; Poidevin, 1999; Kraak; Ormeling, 2003; Loch, 2006; Béguin; Pumain, 2007; Martinelli, 1990, 1991a, 1991b, 2003, 2013; Fonseca; Oliva, 2013). Ao se construírem mapas, gráficos e redes, são essas considerações que se fazem (Quadro 1.1).

Para elaborar mapas, gráficos e redes com esse entendimento, é preciso atentar para duas questões básicas: quais são as variáveis visuais e quais são suas propriedades perceptivas.

1.1.2 As variáveis visuais

Variáveis visuais são variações sensíveis à vista. Ao cair um pingo de tinta sobre uma folha de papel branco, formando um borrão, imediatamente se percebe que o borrão está em determinado lugar em relação às duas dimensões do plano (à direita e no alto, por exemplo, como indica o Quadro 1.2). Essa mancha visível, além de ter uma localização, pode assumir modulações visuais sensíveis. Assim, as duas dimensões do plano, mais as seis modulações visuais possíveis que a mancha visual pode assumir, constituem as *variáveis visuais*. Além das dimensões do plano, as variáveis são: tamanho, valor, cor, forma, orientação e granulação. Entre elas, as quatro primeiras são as mais difundidas e as mais simples de serem trabalhadas (Quadro 1.2).

1.1.3 As propriedades perceptivas das variáveis visuais

As variáveis visuais apresentam propriedades perceptivas características. Devem ser consideradas na representação gráfica:

▶ *Percepção dissociativa* (≠). A visibilidade é variável: afastando-se da vista, tamanhos e valores visuais distintos somem sucessivamente, porém, em um afastamento adequado, constroem a imagem (tamanho, valor). O emprego da cor serve para discriminar áreas distintas (com cores bem diferentes) ou para ordenar áreas hierarquizadas (usando cores que vão do claro ao escuro ou vice-versa).

▶ *Percepção associativa* (=). A visibilidade é constante: afastando-se da vista, formas, granulações e cores de mesmo valor visual e orientações não somem, porém se confun-

Quadro 1.1 Representação gráfica da diversidade, ordem e proporcionalidade

Relações entre objetos			Conceitos	Transcrição gráfica
Caderno	Lápis	Borracha	≠ Diversidade	▲ ● ✚
Medalha de ouro	Medalha de prata	Medalha de bronze	O Ordem	● ● ○
1 kg de arroz	4 kg de arroz	16 kg de arroz	Q Proporcionalidade	▪ ■ ▬

Fonte: Martinelli (2013).

Quadro 1.2 Variáveis visuais

a) As duas dimensões do plano		
Duas dimensões do plano	(Y) ✱ (X)	(X, Y) posição do borrão no plano. (Ele está à direita e no alto.)

b) As seis modulações visuais sensíveis		
Tamanho	▪ ▪ ▪	Pequeno, médio, grande com proporção
Valor	▫ ▨ ▪	Claro, médio, escuro
Cor	vermelho / amarelo / verde	Vermelho, amarelo, verde
Forma	▬ ● ★	Retângulo, círculo, polígono estrelado
Orientação	▬ ▮ ◪	Horizontal, vertical, oblíqua
Granulação	▦ ▦ ▦	Textura fina, média, grosseira

Fonte: Bertin (1973).

dem (forma, granulação, série de cores de mesmo valor visual, orientação).

- *Percepção seletiva* (≠). O olho consegue isolar elementos distintos entre espaços qualitativos (cor, tamanho, valor, granulação, forma).
- *Percepção ordenada* (O). As categorias se ordenam espontaneamente (valor, tamanho).
- *Percepção quantitativa* (Q). A relação de proporção é imediata (tão só e unicamente o tamanho).

No Quadro 1.3, pode-se verificar a aplicação prática desses ensinamentos, com a indicação de como fazer pontos, linhas e áreas diferenciados, ordenados e proporcionais entre si.

1.2 Elaborar mapas, gráficos e redes

Como ponto de partida para essas elaborações, deve-se considerar o sistema de coordenadas cartesianas, mais conhecido como plano cartesiano. Inventado por René Descartes e que objetiva localizar pontos num plano bidimensional, o plano cartesiano é formado por dois eixos perpendiculares entre si, um horizontal e outro vertical, que se cruzam no ponto O, origem das coordenadas. O eixo horizontal é denominado abscissa (X), e o vertical, ordenada (Y).

Assim, as duas dimensões (X, Y) do plano podem ser exploradas de várias maneiras, conforme a natureza das correspondências que se deseja impor a elas. Essa especulação define as três modalidades de representações gráficas: mapa, gráfico e rede (Fig. 1.3).

Fazer um *mapa* significa explorar, sobre o plano, as *correspondências* entre todos os dados de um mesmo componente da informação, o componente de localização: as duas dimensões (X, Y) do plano identificam a posição dada pela longitude e pela latitude. Uma correspondência define um lugar, caminho ou área no mapa.

Quadro 1.3 Aplicação das variáveis visuais em ponto, linha e área para a transcrição da diversidade, da ordem e da proporcionalidade

	Pontos diferenciados	Linhas diferenciadas	Áreas diferenciadas
Para a transcrição de objetos diferentes entre si.	● ■ ✚ ◆ ✦	(linhas variadas)	(áreas com padrões variados)
	Pontos ordenados	Linhas ordenadas	Áreas ordenadas
Para a transcrição de objetos ordenados entre si.	○ ○ ◎ ⊙ ●	(linhas de espessuras/padrões crescentes)	(áreas de tonalidades crescentes)
	Pontos proporcionais	Linhas proporcionais	Áreas proporcionais
Para a transcrição de objetos quantificados entre si.	• ● ● ● ●	(linhas de espessuras crescentes)	(área com pontos de tamanhos proporcionais)

Nota: O melhor emprego da cor é para discriminar áreas distintas (usando cores bem diferentes) ou para ordenar áreas hierarquizadas (usando cores que vão do claro ao escuro ou vice-versa).

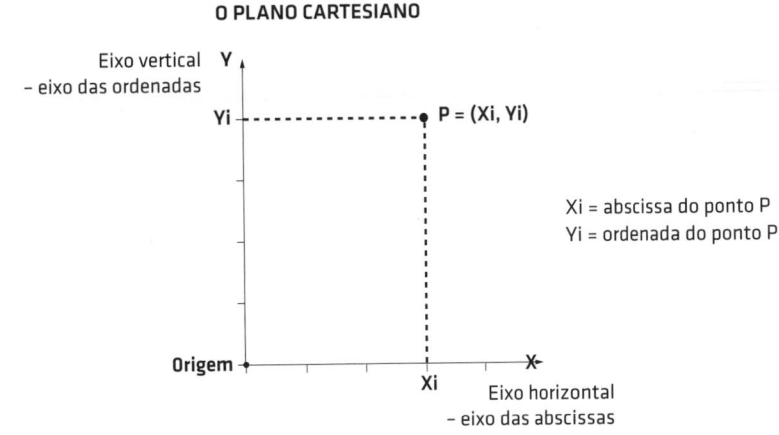

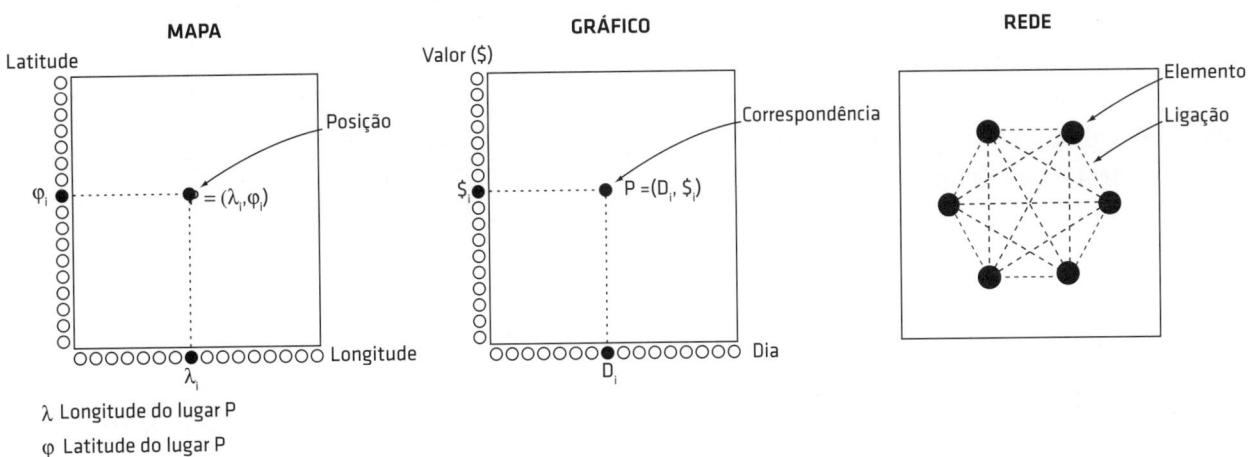

Fig. 1.3 O plano cartesiano como ponto de partida para a elaboração do mapa, do gráfico e da rede

Fazer um *gráfico* significa explorar, sobre o plano, as *correspondências* entre todos os dados de um componente da informação e todos os dados de outro componente: a cada dia D_i do mês tal corresponde um valor $\$_i$ da cotação da ação Alfa na Bolsa de Valores (LeSann, 1991). Uma correspondência define um ponto no gráfico.

Fazer uma *rede* significa explorar, sobre o plano, as *correspondências* entre todos os dados de um mesmo componente da informação: as relações de parentesco entre os membros de uma mesma família.

1.3 Mapas, gráficos e redes: para que e para quem servem?

Para muitas pessoas, mapas, gráficos e redes não passam de meras ilustrações: os mapas aparecem na publicidade turística que vende o belo e o exótico; os gráficos se apresentam na mídia para representar, por exemplo, a evolução de um índice de preços; as redes surgem nos estudos para mostrar genealogias, a estrutura das organizações, os fluxos das operações para executar um trabalho e a sequência de tarefas a serem empreendidas no tempo.

É preciso, entretanto, conscientizar-se de que, sendo meios de comunicação, eles precisam desempenhar uma tríplice função: registrar os dados, tratá-los para descobrir como se organizam e, mediante sua representação em mapa, gráfico ou rede, comunicar os resultados, revelando a informação embutida nos dados.

Assim, mapas, gráficos e redes passam a ser úteis, constituindo instrumentos de reflexão e de descoberta do real conteúdo da informação. Eles devem dirigir o discurso, e não ilustrá-lo, e revelar o que há a dizer e que decisão tomar diante do que foi descoberto.

Em plena era da informação, são muitos os profissionais e mesmo pessoas do público em geral interessados em contar com um meio de comunicação gráfico e visual para desvendar o conteúdo da informação selada no emaranhado de dados e tabelas numéricas, sempre presentes na vida de cada um. A mídia atesta esse fenômeno cada vez mais. A imagem foi, é e sempre será um meio de comunicação de forte impacto pela brevidade de sua assimilação. Ao mesmo tempo, é de interesse geral comunicar algo de maneira eficaz em breves instantes de percepção.

1.4 Por onde começa a elaboração de mapas, gráficos e redes?

1.4.1 Os dados e as séries estatísticas

Ao elaborar mapas, gráficos e redes, ingressa-se em um contexto que envolve a busca de conhecimento e o esclarecimento acerca de certa questão da realidade que se tem interesse em desvendar. Assim, diante de um problema seja no âmbito da sociedade, seja no âmbito da natureza, será iniciado um trabalho de pesquisa por meio do levantamento dos dados, que são registros das situações percebidas concretamente de forma sistemática e podem ser de três tipos: de natureza qualitativa, ordenada ou quantitativa; de expressão estática ou dinâmica; e em nível analítico ou de síntese.

Os dados de natureza qualitativa informam sobre as características dos objetos, fatos ou fenômenos. Os de caráter ordenado dizem respeito a situações que se referem a estruturas hierárquicas ou a sequências temporais. Os dados quantitativos referem-se à possibilidade de efetuar contagens ou medidas acerca da manifestação dos fenômenos. Esses três tipos de dados podem ser expressos por meio de números.

Nas pesquisas, na grande maioria das vezes, trabalha-se com dados provenientes de fontes secundárias, como as estatísticas e os documentos cartográficos e iconográficos. Depois de coletados, os dados, basicamente numéricos, são organizados em séries – as séries estatísticas – e apresentados em *tabelas* – arranjos de números dispostos em linhas e colunas. Quando os dados são nominais, isto é, só citam atributos, passam a ser expostos em *quadros*.

Podem-se considerar quatro tipos fundamentais de séries estatísticas e mais uma derivada.

1) *Série temporal*: é aquela cujos dados estão colocados em correspondência com o tempo (Tab. 1.1).

Tab. 1.1   Brasil: população residente – 1890/2010

Datas	População residente
1890	9.930.478
1900	14.333.915
1920	30.635.605
1940	41.236.315
1950	51.944.397
1960	70.070.457
1970	93.139.037
1980	119.002.706
1990	146.917.459
2000	190.755.799

Fonte: IBGE (2010).

2) *Série geográfica*: é aquela cujos dados estão colocados em correspondência com o lugar de sua procedência (Tab. 1.2).

Tab. 1.2   Brasil: população residente segundo as Grandes Regiões – 2010

Grandes Regiões	População residente
Norte	15.864.454
Nordeste	53.081.950
Sudeste	80.364.410
Sul	27.386.891
Centro-Oeste	14.058.094
Brasil	190.755.799

Fonte: IBGE (2010).

3) *Série específica*: é aquela cujos dados estão colocados em correspondência com as espécies (Tab. 1.3).

Tab. 1.3 Brasil: área dos estabelecimentos agropecuários por utilização das terras – 2006

Utilização das terras	Área dos estabelecimentos (ha)
Lavouras permanentes	11.612.227
Lavouras temporárias	48.234.391
Pastagens	158.753.866
Matas	93.982.304
Total	312.582.788

Fonte: IBGE (2006).

4) *Distribuição de frequência*: é aquela cujos dados estão agrupados em intervalos do todo que se observa (Tab. 1.4).

Tab. 1.4 Brasil: pessoas de 10 anos ou mais de idade economicamente ativas segundo os grupos de idade – 2010

Grupos de idade	Pessoas de 10 anos ou mais de idade
10 a 14 anos	1.428.000
15 a 19 anos	8.025.000
20 a 24 anos	12.939.000
25 a 29 anos	13.781.000
30 a 39 anos	24.441.000
40 a 49 anos	20.797.000
50 a 59 anos	13.208.000
60 ou mais	6.490.000
Total	101.110.000

Fonte: IBGE (2010).

5) *Séries compostas*: as séries estatísticas fundamentais podem se apresentar combinadas, constituindo *séries compostas*, organizadas em tabelas de dupla entrada. A Tab. 1.5 apresenta um exemplo de série geográfica e específica.

1.5 O uso dos mapas, gráficos e redes: noções preliminares

Diante de um mapa, gráfico ou rede, o leitor poderá se interessar por um aspecto particular ou desejar ter conhecimento global do assunto que está sendo representado. Em linhas gerais, o uso desses construtos segue três etapas básicas: *leitura, análise e interpretação* (Muehrcke, 1986; MacEachren; Taylor, 1994).

Para tanto, ele iniciará o trabalho com a leitura, identificando do que trata o mapa, gráfico ou rede. Isso está declarado no título, que deve dizer "o quê", "o onde" e "o quando" a respeito do tema, completando-se depois com outros dizeres que estarão sobre a representação, principalmente com a respectiva legenda, quando necessária, para explicar o significado dos signos utilizados.

De posse dessa identificação, o leitor passará para a análise, quando a curiosidade se desperta mais, levando-o a querer explicar as feições que viu no mapa, gráfico ou rede. Porém, é bom lembrar que as representações não conseguem, por si só, sugerir explicações. Serão necessários estudos ulteriores para confirmar uma suposição preliminar.

Tab. 1.5 Brasil: área dos estabelecimentos agropecuários por utilização das terras segundo as Grandes Regiões – 2006

Grandes Regiões	Utilização das terras (área em ha)			
	Lavouras permanentes	Lavouras temporárias	Pastagens	Matas
Norte	1.859.457	2.345.628	26.524.174	22.276.680
Nordeste	3.512.112	11.650.746	30.539.604	25.855.578
Sudeste	4.039.106	9.133.678	27.561.143	11.191.262
Sul	1.489.743	13.604.592	15.610.729	8.682.912
Centro-Oeste	711.809	11.499.747	58.518.216	30.473.195
Total	11.612.227	48.234.391	158.753.866	98.479.627

Fonte: IBGE (2006).

Na interpretação, entra-se diretamente no âmago da representação gráfica, que deverá ser eficaz para que o conteúdo da informação que ela encerra possa ser revelado. Um mapa, gráfico ou rede, portanto, será eficaz quando possibilitar ao usuário resposta visual fácil e rápida às questões por ele colocadas, encaminhando-o à compreensão em prol do conhecimento da realidade representada.

Para cada modalidade de representação gráfica, o leitor pode colocar dois níveis de questões.

1.5.1 Nos mapas

1) **Questão em nível de detalhe, com base no mapa da Fig. 1.4:** Quais são os recursos minerais de Carajás? (Cobre, estanho, ferro, manganês e ouro.)

2) **Questão em nível de conjunto, com base no mapa da Fig. 1.5:** Onde está o ouro da Grande Região Norte? (Há concentrações no sudoeste e leste do Pará, no sul do Tocantins, no leste do Amapá e no noroeste de Roraima.)

O mapa não dá resposta visual instantânea a esse nível de questão. Será necessário ler sucessivamente os 120 signos constantes do mapa, decodificando-os com o auxílio da legenda, para poder extrair o "mapa do ouro".

Só o desdobramento desse mapa em uma coleção de mapas, um para cada recurso mineral, possibilitará resposta visual instantânea à questão em nível de conjunto (Fig. 1.6).

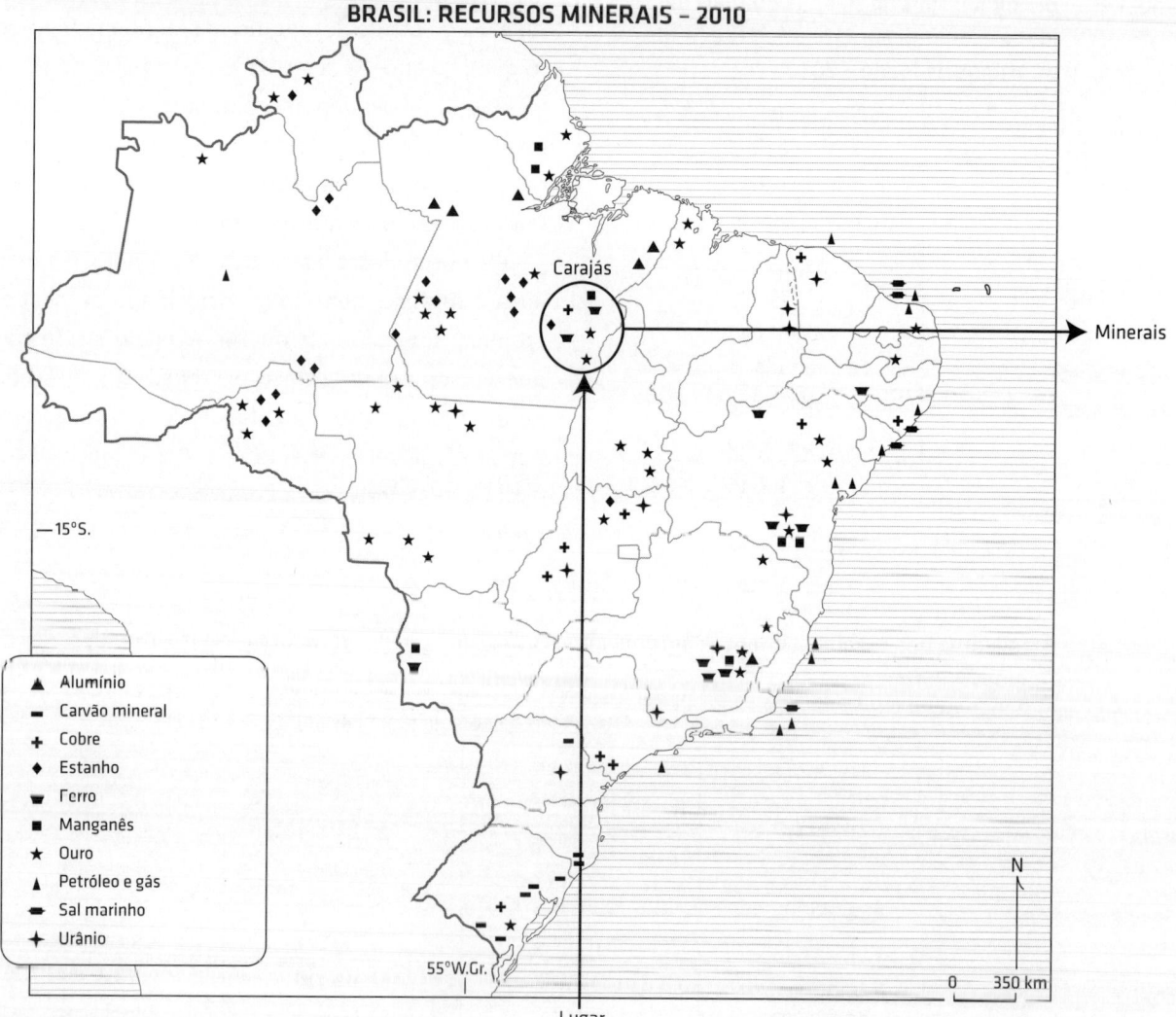

Fig. 1.4 Questão de detalhe e de conjunto ao mapa
Fonte dos dados: IBGE (2010).

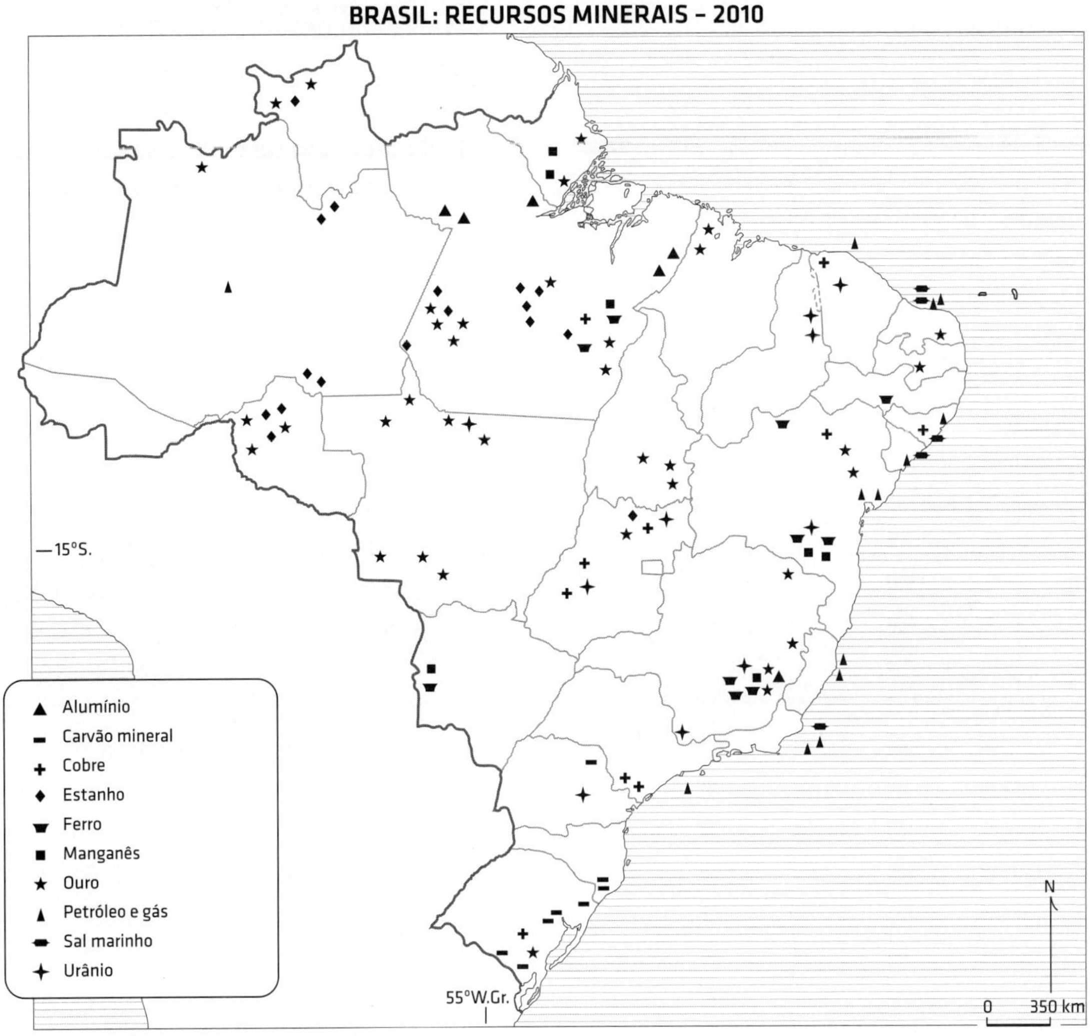

CAPÍTULO 1 | GENERALIDADES

BRASIL: RECURSOS MINERAIS – 2010

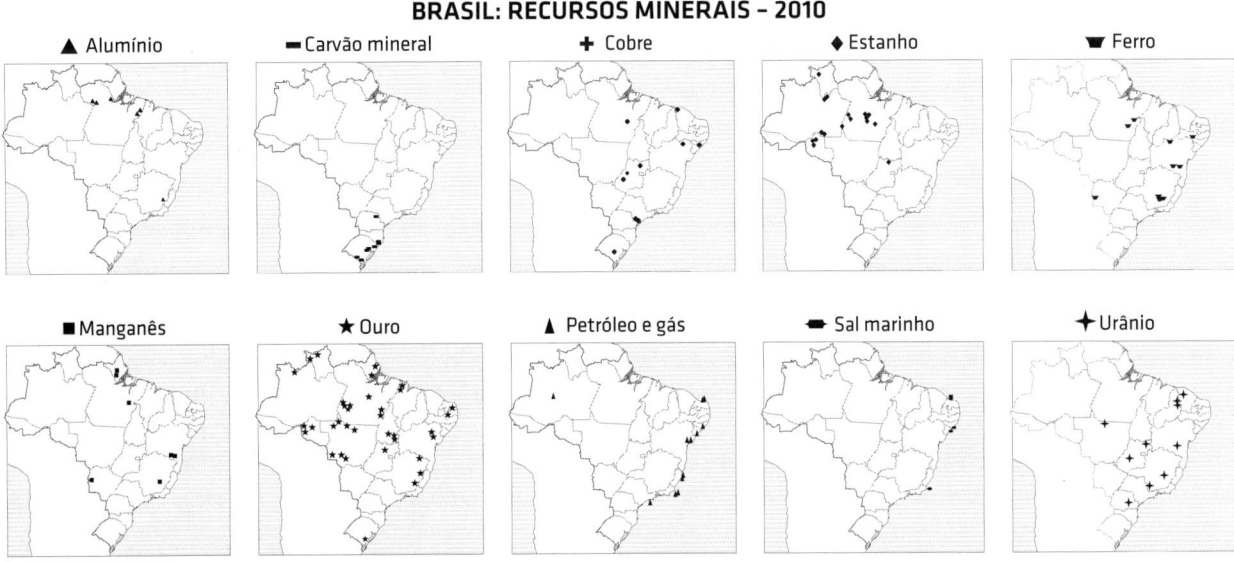

Fig. 1.5 Mapa com todos os atributos sobre a mesma representação
Fonte dos dados: IBGE (2010).

Fig. 1.6 Representação por coleção de mapas
Fonte dos dados: IBGE (2010).

1.5.2 Nos gráficos

1) **Questão em nível de detalhe, com base no gráfico da Fig. 1.7:** Quanto choveu no mês de abril de 1992 em Catanduva (SP)? (67 mm.)

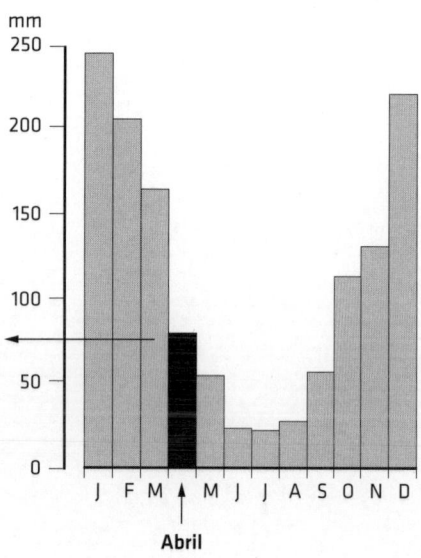

Fig. 1.7 Questão em nível de detalhe no gráfico
Fonte dos dados: DNM (1992).

2) **Questão em nível de conjunto, com base no gráfico da Fig. 1.8:** Qual foi o regime anual das chuvas em Catanduva (SP) em 1992? (Máximo no verão e mínimo no inverno.)

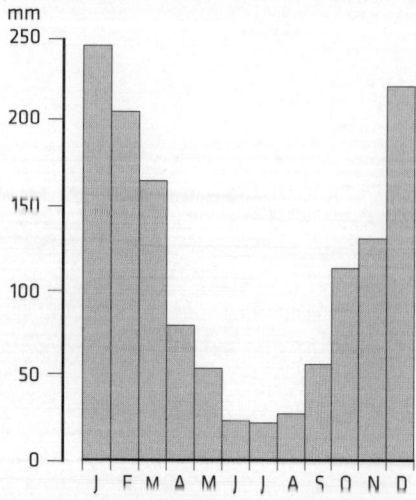

Fig. 1.8 Questão em nível de conjunto no gráfico
Fonte dos dados: DNM (1992).

1.5.3 Nas redes

Seja a árvore de ligações do Pontal do Paranapanema (SP) ilustrada na Fig. 1.9.

1) Questão em nível de detalhe: Em que nível de agregação se daria uma regionalização com quatro conjuntos espaciais? (No nível de agregação 0,35.)
2) Questão em nível de conjunto: Na mesma árvore de ligações, onde está o agrupamento com o maior número de municípios? (No grupo 2, com 11 municípios.)

Seja o cronograma de atividades de uma pesquisa representado na Fig. 1.10.

1) Questão em nível de detalhe: Qual atividade estaria empregando mais tempo para ser executada? (O tratamento de dados, com cinco meses completos.)
2) Questão em nível de conjunto: Quais grupos de atividades se formaram em termos de tempos que seriam utilizados para sua efetivação? (Formaram-se três grupos: o das atividades 1, 2 e 3, o das atividades 4 e 5 e o das atividades 6 e 7.)

As respostas visuais dadas pelo mapa, gráfico e rede não são todas instantâneas, pois os níveis de leitura que possibilitam são distintos.

O mapa dos recursos minerais do Brasil (Fig 1.5) só possibilitou o nível de detalhe – de signo para signo sobre o mapa. Para que se pudesse obter uma leitura desse mapa também em nível de conjunto, foi necessário desdobrá-lo em dez pequenos mapas, um para cada mineral (Fig. 1.6). Instantaneamente, foi possível vislumbrar a resposta visual para a questão "onde está o ouro da Grande Região Norte?", facilitando, inclusive, a memorização da imagem dessa localização.

Já o gráfico da precipitação em Catanduva (SP) (Figs. 1.7 e 1.8) permitiu os dois níveis de leitura, o de detalhe e o de conjunto.

Na rede, apresentada em suas variantes, de dendrograma ou árvore de ligação (Fig. 1.9) e de cronograma (Fig. 1.10), também foram possíveis os dois níveis de perguntas.

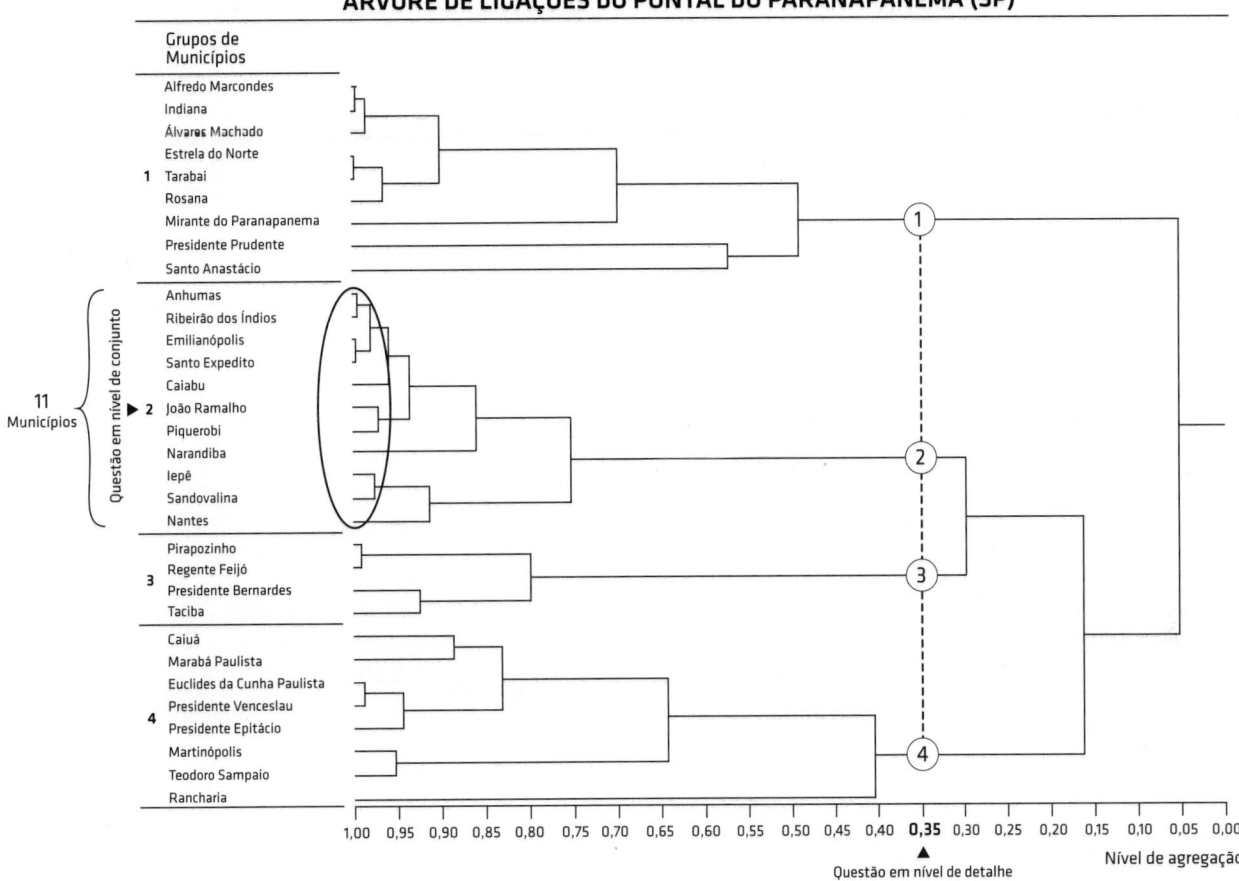

Fig. 1.9 Rede como árvore de ligações
Fonte: Firetti et al. (2010).

CRONOGRAMA DE ATIVIDADES DE UMA PESQUISA

N°	Atividades	Períodos em meses	1	2	3	4	5	6	7	8	9	10
1	Levantamento de bibliografia		▬	▬	▬	▬	▬					
2	Levantamento de iconografia			▬	▬	▬	▬					
3	Coleta de dados			▬	▬	▬	▬					
4	Tratamento de dados					▬	▬	▬	▬	▬		
5	Elaboração de mapas							▬	▬	▬		
6	Avaliação e interpretação									▬	▬	
7	Redação final										▬	▬

Fig. 1.10 Rede como cronograma
Fonte: Sebrae (2010).

capítulo 2
Os mapas

2.1 Os antecedentes

Os mapas surgiram há muito tempo. No alvorecer de sua existência, o homem gravou em pedra ou em argila, pintou em pele de animais e armou, em estruturas diversas, seu lugar, seu ambiente e suas atividades. Ao fazer isso, ele não só representava a prática de suas relações espaciais em terra ou mar como também expunha o conteúdo das relações sociais de sua comunidade. Os mapas mais antigos que contam com datação são o da cidade de Çatalhöyük, na Anatólia, Turquia, de 6.200 a.C. (Fig. 2.1), e o grafito de Bedolina, na Itália, de 2.500 a.C. (Fig. 2.2).

Os desenhos ou estruturas apresentavam, desde então, uma forma original de interpretação de territórios ou domínios em mares, sempre servindo para satisfazer necessidades que foram surgindo com o trabalho humano, como demarcar vias de comunicação e definir lugares de ação, entre outros.

Porém, a maior e mais marcante finalidade dos mapas, desde seu início, foi a de estarem sempre voltados à prática, principalmente a serviço da dominação, do poder. Sempre registraram o que mais interessava a uma minoria, fato que acabou estimulando seu incessante aperfeiçoamento.

Os mapas, em qualquer cultura, foram, são e serão uma forma de saber socialmente construída, portanto uma forma manipulada de saber. São imagens carregadas de julgamentos de valor, e não há nada de despretensioso e passivo em seus registros.

Como linguagem, os mapas conjugam-se com a prática histórica, podendo revelar diferentes visões de mundo. Ao mesmo tempo, eles carregam um simbolismo que pode estar associado ao conteúdo neles representado, e constituem um saber que é produto social, ficando atrelados ao processo de poder e vinculados ao exercício da

Fig. 2.1   Mapa de Çatalhöyük, na Anatólia, Turquia (6.200 a.C.)
Fonte: <http://www.ancient-wisdom.co.uk>. Acesso em: 27 mar. 2014.

Fig. 2.2   Grafito de Bedolina, na Itália (2.500 a.C.)

propaganda e da vigilância, detendo influência política sobre a sociedade.

Os mapas têm assessorado a Geografia desde a Antiguidade Clássica, junto ao pensamento grego, e foram o que deu início às lucubrações acerca dessa área do saber. Constata-se essa presença em Cláudio Ptolomeu, que escreveu, provavelmente no início do século II, a *Geographia*, conservada em Monte Santo (monte Athos), na Grécia. Considerado o mais antigo manuscrito de Geografia, ele inclui uma coletânea de mapas com um planisfério e vinte e seis representações elaboradas com dados do mundo conhecido da época, bem como orientações para elaborar um atlas com planisférios, mapas regionais e uma lista de coordenadas de lugares.

Com importantes contribuições de outros povos, com sua história, cultura e conhecimentos acerca da Terra e dos astros, o mais marcante avanço da Cartografia ocorreu centrado na Europa e está relacionado com o Renascimento, uma revolução cultural que ocorreu entre os séculos XIV e XVI nos domínios literário, artístico e científico, de um lado, e técnico, econômico e social, de outro, promovida pelas grandes descobertas e pelo surgimento do capitalismo moderno.

Com a intensificação do comércio entre Ocidente e Oriente, que exigiu o desenvolvimento da navegação, houve novamente grande ímpeto na necessidade de mapas. Com a bússola, confirmaram-se as cartas portulano, cartas náuticas, tendo, para a coordenação das orientações, uma rede de rosas dos ventos entrelaçadas, cujos raios demandavam localidades e portos nos recortes costeiros.

A invenção da imprensa foi um marco cultural do século XV que teve grande influência no progresso da Cartografia, porquanto possibilitou a fácil reprodução de mapas, barateando seu custo unitário e permitindo sua maior difusão. Houve, assim, a passagem do mapa-registro, do mapa-memória, para o mapa-mercadoria.

Em particular, os grandes descobrimentos e os interesses pela expansão do mercantilismo europeu engendraram enorme revolução espacial, principalmente no início do século XVI. As novas rotas marítimas motivaram uma articulação entre as várias partes do mundo de então, e os povos de outros continentes tornaram-se submissos ao modo de produção da burguesia europeia. Navegantes, colonizadores e comerciantes exigiam mapas cada vez mais corretos. A busca crescente de mapas para registrar o mundo inteiro, bem como a procura de novos tipos de representação para questões específicas, forçou a entrada da Cartografia na manufatura, o que foi decisivo para ela integrar o processo capitalista de produção.

Um avanço digno de nota foi dado na Cartografia do século XVIII, com a instituição de academias científicas, o que marcou o início da ciência cartográfica moderna. Grandes inovações foram propostas pelo astrônomo francês César-François Cassini de Thury, que elaborou, a partir de 1760, a primeira série sistemática de mapas topográficos para a França, a *carte de Cassini*, na escala 1:86.400, a pedido do rei Luís XV. Após sua morte, em 1784, ela foi completada por seu filho Jacques-Dominique, em 1789, tendo sido publicada somente em 1815, sendo a primeira no mundo elaborada com base numa triangulação geodésica.

Entretanto, o maior impulso dado aos mapeamentos, como apoio aos novos conhecimentos, deu-se com o avanço do *imperialismo*, no fim do século XIX. As potências necessitavam de um inventário cartográfico preciso para suas incursões exploratórias, o que fez com que incorporassem também essa ciência às suas investidas espoliativas nas áreas de dominação.

Contribuíram para isso o florescimento e a sistematização dos diferentes ramos de estudos operados com a divisão do trabalho científico, tal como foi para o trabalho na Revolução Industrial, no fim do século XVIII e início do século XIX, fazendo com que se desenvolvesse, mediante acréscimos sucessivos, outro tipo de Cartografia, proveniente de um amadurecimento progressivo desde os primeiros ensaios operados nos séculos XVII e XVIII: a *Cartografia Temática*, domínio dos mapas temáticos. Será esse domínio o centro das atenções deste capítulo.

Embora a Cartografia Temática seja considerada um ramo da Cartografia, ao lado da Cartografia Topográfica, as visões topográfica e temática do mundo são historicamente sucessivas. Não há passagem brusca, não são dois setores autônomos: as representações temáticas não substituíram as representações topográficas, mas foram acrescentadas a elas.

Essa inovação norteou a passagem da representação das propriedades "vistas" para a representação das propriedades "conhecidas" dos fenômenos. A visão topográfica era essencialmente analógica, delimitando exatamente os aspectos circunscritos à face da Terra. A nova construção mental na Cartografia ficou evidente com uma preocupação mais voltada para a busca do conhecimento.

Passaram-se a representar categorias organizadas mentalmente, e não mais visualmente. O mapa, assim, foi confirmado como expressão do raciocínio que seu autor empreendeu diante da realidade, apreendida com base em um determinado ponto de vista: sua opção de entendimento de mundo. Afirmou-se uma postura metodológica na elaboração de uma Cartografia Temática para todas as áreas que a solicitassem.

Assim, com a consolidação da Cartografia Temática, mormente no século XIX, e aglutinando nessa época, além das abordagens qualitativas e ordenadas, a variante das representações quantitativas, romperam-se os esquemas clássicos de mapeamento concretizados desde o Renascimento, voltados essencialmente aos registros gerais de cunho topográfico.

O marco inicial ficou estabelecido como sendo as elaborações de Halley de 1686 e 1701, com as quais se deu a implementação dos métodos de representação da Cartografia Temática. Com o mapa das linhas de igual valor das declinações magnéticas de 1701, esse astrônomo teria constituído o *método isarítmico*, para representar fenômenos contínuos por meio de linhas de igual valor, as isolinhas.

Com base nessa contribuição, vislumbrou-se a aplicação dessas linhas na representação do relevo terrestre. Assim, começou a história da expressão em mapa das formas da superfície da Terra, que se iniciou, porém, no registro da profundidade dos rios e mares (Fig. 2.3).

Apesar dos subsídios trazidos pelos mapas geológicos de Buache, em 1746, e de Smith, em 1799, Milne, em 1800, confirmou o *método corocromático* ao confeccionar o mapa da utilização do solo de Londres e de seu entorno empregando cores.

Em 1826, Dupin concretizou a primeira proposta de representação quantitativa mediante um procedimento para expressar valores relativos, o *método coroplético*. O autor fez com que uma ordem visual – do claro para o escuro – correspondesse a uma

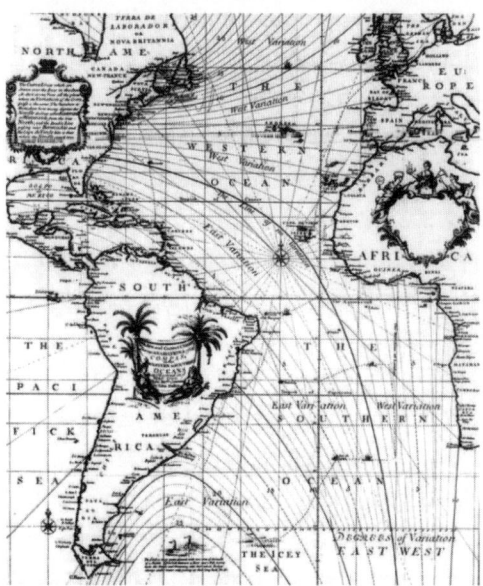

Fig. 2.3 Mapa das linhas de igual valor das declinações magnéticas nos oceanos de Halley
Fonte: Palsky (1996).

sequência crescente de dados relativos agrupados em classes significativas de uma série estatística. Com sua invenção teve-se, pela primeira vez, a ideia de representar quantidades por variações visuais dissociadas do significado de localização intrínseco às duas dimensões do plano do mapa.

Frère de Montizon estruturou, em 1830, o *método dos pontos de contagem* para fenômenos dispersos. Seu mapa da população da França constituiu a primeira tentativa de representar a população em valores absolutos, deixando de lado o procedimento das áreas coloridas, conveniente apenas para valores relativos.

A Revolução Industrial promoveu, em 1845, o *método dos fluxos*, que Minard propôs para representar movimentos. Ele atingiu essa proposta trabalhando em duas etapas: primeiro com gráficos, depois os transferindo para os mapas. Em 1851, ele efetivou também o *método das figuras geométricas proporcionais* para quantidades absolutas, que fazia com que os tamanhos tivessem relação de grandeza compatível com a magnitude de dados a serem representados.

Os aportes trazidos ao Terceiro Congresso Internacional de Estatística de 1857, em Viena, contribuíram para a sistematização metodológica da Cartografia Temática.

No século XX, contou-se com significativo acréscimo trazido pelo *método de distribuição regular de pontos de tamanhos crescentes*, apresentado por Bertin (1973) (Fig. 2.4).

Atualmente, a Cartografia se encontra em plena era da informação. Com a concorrência da informática e da tecnologia, a Cartografia tornou-se um verdadeiro sistema de informações geográficas, que, com a coleta, o armazenamento, a recuperação, o processamento, a análise e a síntese dos dados, permite uma representação capaz de revelar o conteúdo das informações sobre lugares, caminhos e áreas ao longo do tempo. Além disso, ele proporciona simulações de eventos e situações complexos da realidade, tendo em vista a tomada de decisões deliberadas (Slocum et al., 2005; Dodge; Kitchin; Perkins, 2009).

Mas, apesar de todo esse desenvolvimento de que a Cartografia vem se beneficiando atualmente, deve existir uma clara conscientização com o fim de avaliá-la permanentemente em seu contexto social. Como veremos na seção seguinte, não basta que os mapas respondam apenas à pergunta "onde fica?".

Atualmente, não se pode definir Cartografia sem se referir ao mapa, ao processo por meio do qual ele é criado e ao contexto social no qual ele se insere: "Cartografia é a organização, apresentação, análise e comunicação da espacialidade georreferenciada sobre amplo leque de temas de

BRASIL: POPULAÇÃO RESIDENTE SEGUNDO AS UNIDADES DA FEDERAÇÃO – 2010

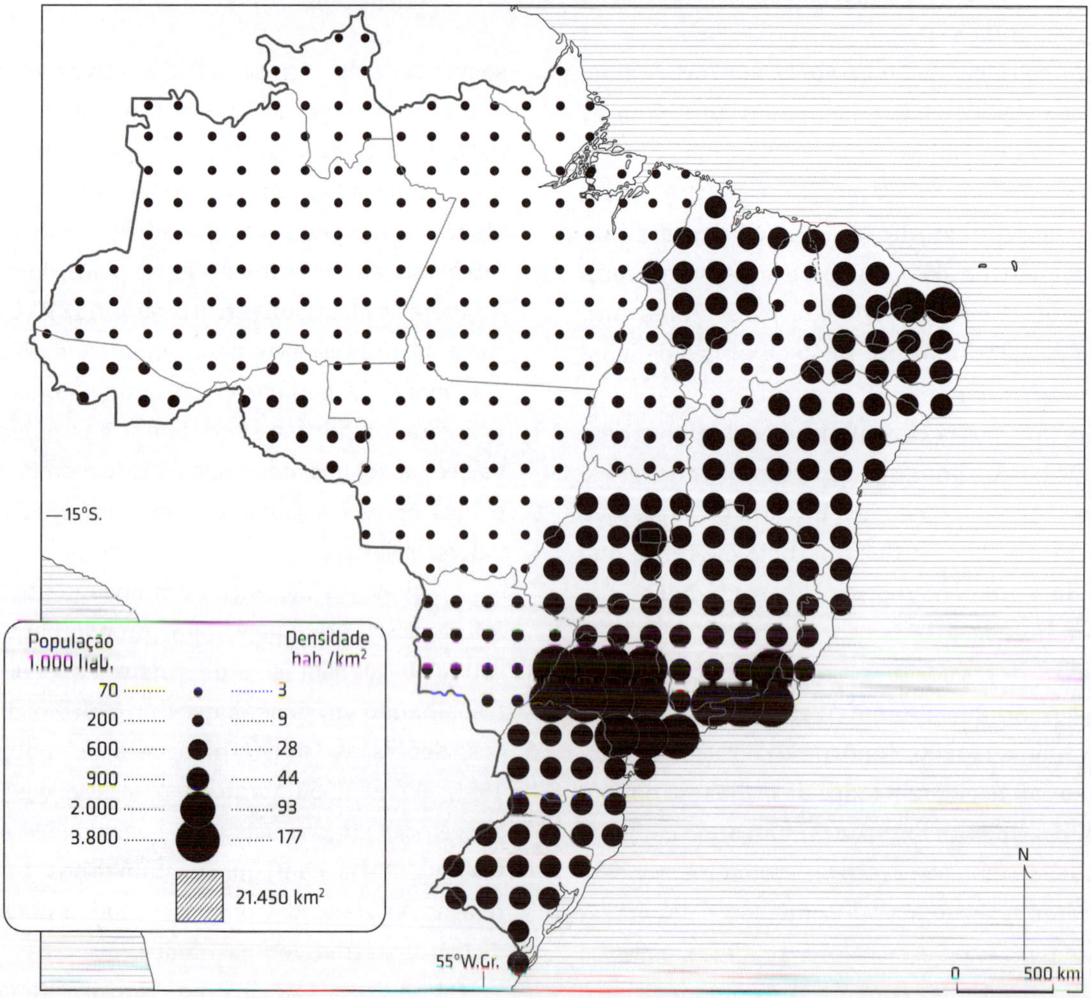

Fig. 2.4 Mapa pelo método de distribuição regular de pontos de tamanhos crescentes de Bertin (1973)
Fonte dos dados: IBGE (2010).

interesse e uso para a sociedade num formato interativo, dinâmico, multimídia, multissensorial e multidisciplinar" (Taylor, 2005).

2.2 Elaboração e uso

Serão abordados, mais especificamente, os *mapas temáticos* de maior aplicação nos estudos geográficos e nas ciências afins.

Como já comentado, fazer um mapa significa explorar, sobre o plano, as correspondências entre todos os dados de um mesmo componente da informação – o componente de localização. As duas dimensões (X e Y) do plano identificam a localização do lugar, do caminho ou da área (longitude e latitude) (Fig. 2.5).

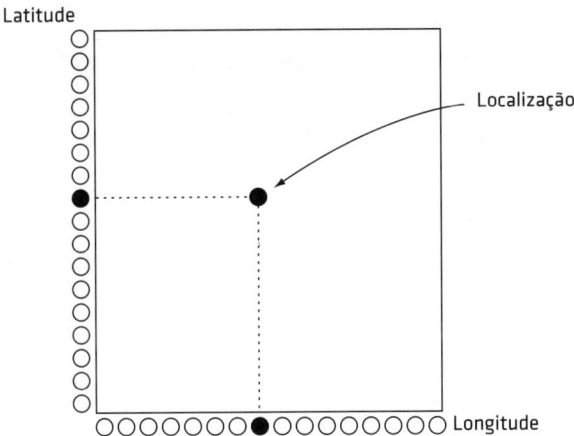

Fig. 2.5 Mapa

Os mapas podem mostrar mais do que apenas a localização do lugar, do caminho ou da área, isto é, fazer mais do que apenas responder à questão "onde fica?". Hoje, eles precisam responder também a outras questões, como "o quê?", "por quê?", "em que ordem?", "quanto?", "quando?", "em que velocidade?", "por quem?", "com que finalidade?" e "para quem?".

Eles podem dizer muito sobre cada lugar, caminho ou área, caracterizando-os. Entra-se, assim, no domínio dos mapas temáticos.

A fim de representar o *tema* nas abordagens qualitativa (≠), ordenada (O) e quantitativa (Q), nas manifestações em ponto, em linha, em área, devem-se explorar variações visuais com propriedades perceptivas compatíveis.

A abordagem qualitativa (≠) responde à questão "*o quê?*", caracterizando relações de diversidade entre os conteúdos dos lugares, caminhos ou áreas. A abordagem ordenada (O) responde à questão "*em que ordem?*", caracterizando relações de ordem entre os conteúdos dos lugares, caminhos ou áreas. A abordagem quantitativa (Q), por sua vez, responde à questão "*quanto?*", caracterizando relações de proporcionalidade entre os conteúdos dos lugares, caminhos ou áreas (Fig. 2.6).

Os mapas temáticos podem ser construídos levando-se em conta vários métodos, cada um mais apropriado às características e à forma de

MAPAS TEMÁTICOS

(≠) Abordagem qualitativa: "O quê?"

(O) Abordagem ordenada: "Em que ordem?"

(Q) Abordagem quantitativa: "Quanto?"

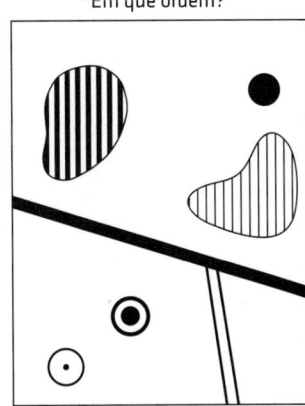
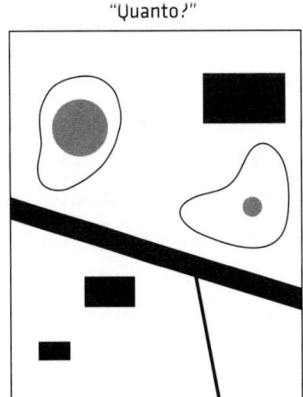

Fig. 2.6 Possibilidades dos mapas temáticos

manifestação (em pontos, em linhas, em áreas) dos fenômenos considerados em cada tema, na abordagem qualitativa, ordenada ou quantitativa. Pode-se empreender também, combinadamente, uma apreciação sob o ponto de vista estático ou dinâmico.

Deve-se salientar que os fatos e fenômenos que compõem a realidade geográfica a ser representada em mapa podem ser considerados dentro de um raciocínio de análise ou de síntese. Nesse sentido, tem-se, de um lado, uma cartografia analítica, em que a abordagem dos temas é feita em mapas de análise, atentando-se para seus elementos constitutivos, lugares, caminhos ou áreas caracterizadas por seus atributos ou variáveis. De outro lado, tem-se uma cartografia de síntese, em que a abordagem dos temas é feita em mapas de síntese, empreendendo-se a fusão de seus elementos constitutivos em "tipos", perfazendo-se agrupamentos de lugares, caminhos ou áreas unitárias de análise caracterizadas por agrupamentos de atributos ou variáveis, que serão lançados no mapa (Claval; Wieber, 1969; Bertin, 1973, 1977; Cuenin, 1972; Martinelli, 1999, 2007, 2013).

Apresenta-se, assim, a estrutura metodológica que articula as representações da Cartografia Temática, de maneira a possibilitar a indicação dos métodos apropriados a serem adotados:

1) Formas de manifestação dos fenômenos
   - em ponto
   - em linha
   - em área
2) Apreciação e abordagem dos fenômenos com seus métodos de representação
   - apreciação estática
     - representações qualitativas (método de pontos diferenciados, método de linhas diferenciadas e método corocromático qualitativo)
     - representações ordenadas (método de pontos ordenados, método de linhas ordenadas e método corocromático ordenado)
     - representações quantitativas (método das figuras geométricas proporcionais, método dos pontos de contagem, método coroplético e método isarítmico)
   - apreciação dinâmica
     - representações das transformações de estados e das variações quantitativas absolutas e relativas no tempo (método corocromático qualitativo, método corocromático ordenado, método das figuras geométricas proporcionais e método coroplético)
     - representações dos movimentos no espaço (método dos fluxos)
     - hoje se deve acrescentar também a animação cartográfica
3) Nível de raciocínio
   - representações de análise: representação dos elementos constitutivos – lugares, caminhos ou áreas caracterizadas por atributos ou variáveis (qualitativos, ordenados, quantitativos, estáticos e dinâmicos)
   - representações de síntese: representação da fusão dos elementos constitutivos em "tipos" – agrupamentos de lugares, caminhos ou áreas unitárias de análise caracterizadas por agrupamentos de atributos ou variáveis (qualitativos, ordenados, quantitativos, estáticos e dinâmicos)
4) Nível de apreensão
   - mapa exaustivo: todos os atributos ou variáveis sobre o mesmo mapa – leitura, análise e interpretação em nível elementar (só responde à questão "o que há em tal lugar?")
   - coleção de mapas: um mapa por atributo ou variável – visão de conjunto (responde a todas as questões, inclusive "onde está tal atributo ou variável?" e "quais agrupamentos se formaram?")

2.2.1 Os dados e a base cartográfica

Os mapas são elaborados a partir de dados sobre os aspectos que interessam à abordagem de certo tema. Para tanto, esses dados, quando forem numéricos, são organizados em tabelas que congregam especificamente as séries ditas geográficas – aquelas cujos dados estão colocados em correspondência com o lugar, o caminho ou a área de sua proveniência. Quando os dados forem atributos, são expostos em quadros. Se o tema exigir maior profundidade, os dados podem se apresentar em séries compostas, que compreendem tabelas de dupla entrada.

De posse dos dados, busca-se a base cartográfica, dita também mapa-base, isto é, o mapa que servirá de suporte para a localização dos componentes do tema. Ele deve conter certas informações básicas para atender de maneira plausível essa solicitação. Além de certos elementos particulares necessários para dar suporte ao tema, a base deve conter elementos genéricos de cunho especificamente cartográfico, como orientação, coordenadas geográficas, escala e projeção.

Seja, por exemplo, fazer mapas sobre temas brasileiros, como o dos recursos minerais e o da população. Para o primeiro, necessita-se de uma base cartográfica com os rios e demais elementos que possam subsidiar a localização dos recursos. Para o segundo, se os dados de população forem fornecidos por Estados, deve-se buscar uma base cartográfica com o traçado dos limites das unidades da Federação.

2.2.2 O uso dos mapas: leitura, análise e interpretação

Para facilitar o entendimento, após a orientação para a elaboração de cada mapa será tecido um breve comentário sobre sua leitura, análise e interpretação.

O uso dos mapas em geral, bem como na Geografia, é o processo que leva de volta o mapa feito para uma imagem mental da realidade, e compreende três atividades básicas: *leitura, análise e interpretação*. Esse procedimento, quando exposto num relatório, é comumente chamado de *comentário* (Muehrcke, 1986).

Na *leitura*, determina-se o que o autor do mapa representou mediante o título e como procedeu para tanto. Seria uma avaliação dos meios mobilizados para a realização do mapa.

A *análise* é a etapa em que se começa a entrever as feições que interessam, as quais poderão revelar algo de sua geografia.

Com a *interpretação* é chegado o momento no qual se vai além do mapa para vislumbrar, junto à realidade natural e social retratada, as possíveis causas das situações registradas. Para isso, vai-se à pesquisa. Poderão, dessa maneira, transparecer certas possibilidades de explicação.

2.2.3 Métodos para representações qualitativas (≠)

As representações qualitativas em mapas são empregadas para expressar a existência, a localização e a extensão das manifestações dos fenômenos que se diferenciam pela sua natureza e por seus atributos, podendo ser classificadas por critérios estabelecidos pelas ciências que estudam tais fenômenos.

Conforme os fenômenos se manifestem em pontos, linhas ou áreas, no mapa utilizam-se, respectivamente, as primitivas geométricas (três noções básicas da Geometria adotadas sem definição) pontos, linhas e áreas. Uma cidade será um ponto preto; uma ferrovia, uma linha cortada por pequenos traços; e uma floresta, uma área colorida de verde.

A seguir, será tratada a elaboração de mapas com representações qualitativas para fenômenos com manifestação em pontos, linhas e áreas.

Representações qualitativas para manifestações em ponto: o mapa dos recursos minerais do Brasil

O mapa mais simples entre os de representação qualitativa é o que se reporta à diversidade de ocorrências localizadas, isto é, com manifestações em ponto. A representação tomada como exemplo abordará o tema "recursos minerais do Brasil".

Nessa representação, serão mobilizadas variações visuais de pontos. Portanto, convém a variável visual *forma* em ocorrência pontual. A *cor* variando dentro de uma forma fixa seria outra solução possível, mas não oferece bons resultados nesse caso, em razão de o ponto possuir uma área bastante pequena (Fig. 2.7).

Fig. 2.7 Diversidade entre as formas

Para elaborar esse mapa, é preciso ter em mãos os dados (o que ocorre e onde, isto é, o endereço de cada mineral) e uma adequada base cartográfica para localizá-los (Quadro 2.1).

As formas são colocadas em correspondência com os minerais de acordo com uma classificação, o que constitui a legenda do mapa. Assim, a diversidade entre os minerais é transcrita pela variedade visual das formas, todas de mesma cor (Fig. 2.8).

Esse mapa pode ser elaborado com uma legenda que possibilite rápida apreensão e fácil memorização da imagem que a localização de cada recurso mineral constrói: a cada rubrica da legenda associa-se um pequeno mapa registrando a ocorrência do respectivo recurso mineral. Nessa solução, não há necessidade de variar a forma, pois basta um pequeno círculo preto para indicar cada localização. A forma fica junto ao título de cada pequeno mapa da legenda, para ser reconhecida como o signo utilizado (Fig. 2.9).

Prontos os mapas, passa-se a fazer sua leitura, análise e interpretação.

A primeira solução permite uma leitura exaustiva de seu conteúdo. Em nível de análise, ele recenseia os recursos minerais e, além de mostrar o lugar onde se encontram, pode, em nível de interpretação, revelar o padrão de sua distribuição: se há agrupamentos de minerais diferentes ou se em alguns lugares há concentração de um mesmo mineral.

Quadro 2.1 Brasil: recursos minerais segundo as unidades da Federação – 2010

Unidades da Federação	Recursos minerais
Acre	—
Alagoas	Petróleo e gás, cobre e sal marinho
Amazonas	Petróleo e gás, ouro e estanho
Amapá	Ouro e manganês
Bahia	Petróleo e gás, ouro, cobre, ferro e manganês
Ceará	Petróleo e gás, cobre e urânio
Distrito Federal	—
Espírito Santo	Petróleo e gás
Goiás	Ouro, cobre, estanho e urânio
Maranhão	Ouro
Mato Grosso	Ouro e urânio
Mato Grosso do Sul	Ferro e manganês
Minas Gerais	Ferro, manganês, ouro, urânio e alumínio
Pará	Ferro, manganês, estanho, cobre, ouro e alumínio
Paraíba	Ouro
Paraná	Carvão mineral e urânio
Pernambuco	Ferro
Piauí	Urânio
Rio de Janeiro	Petróleo e gás e sal marinho
Rio Grande do Norte	Petróleo e gás, sal marinho e ouro
Rio Grande do Sul	Carvão mineral, cobre e ouro
Rondônia	Ouro e estanho
Roraima	Ouro e estanho
Santa Catarina	Carvão mineral
São Paulo	Cobre e petróleo e gás
Sergipe	Petróleo e gás e sal marinho
Tocantins	Ouro

Fonte: IBGE (2010).

É possível controlar também se existem contrastes ou oposições, como, por exemplo, o leste ser mais rico enquanto o oeste é mais pobre, e assim por diante.

Reconhece-se que esse mapa é do tipo exaustivo, dando resposta visual a uma questão de nível elementar, como "o que há em tal lugar?".

Entretanto, ao se desejar saber qual é a "geografia" do petróleo, o mapa não dará resposta visual instantânea. É necessário ler signo por signo até se

CAPÍTULO 2 | OS MAPAS   27

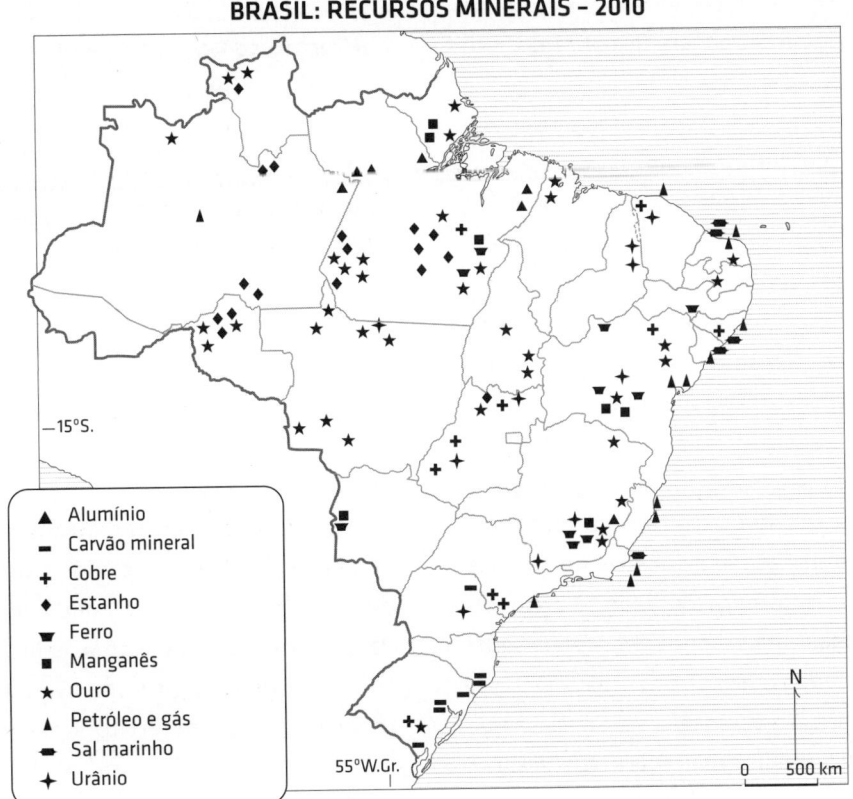

Fig. 2.8   Mapa com todos os atributos sobre a mesma representação
Fonte dos dados: IBGE (2010).

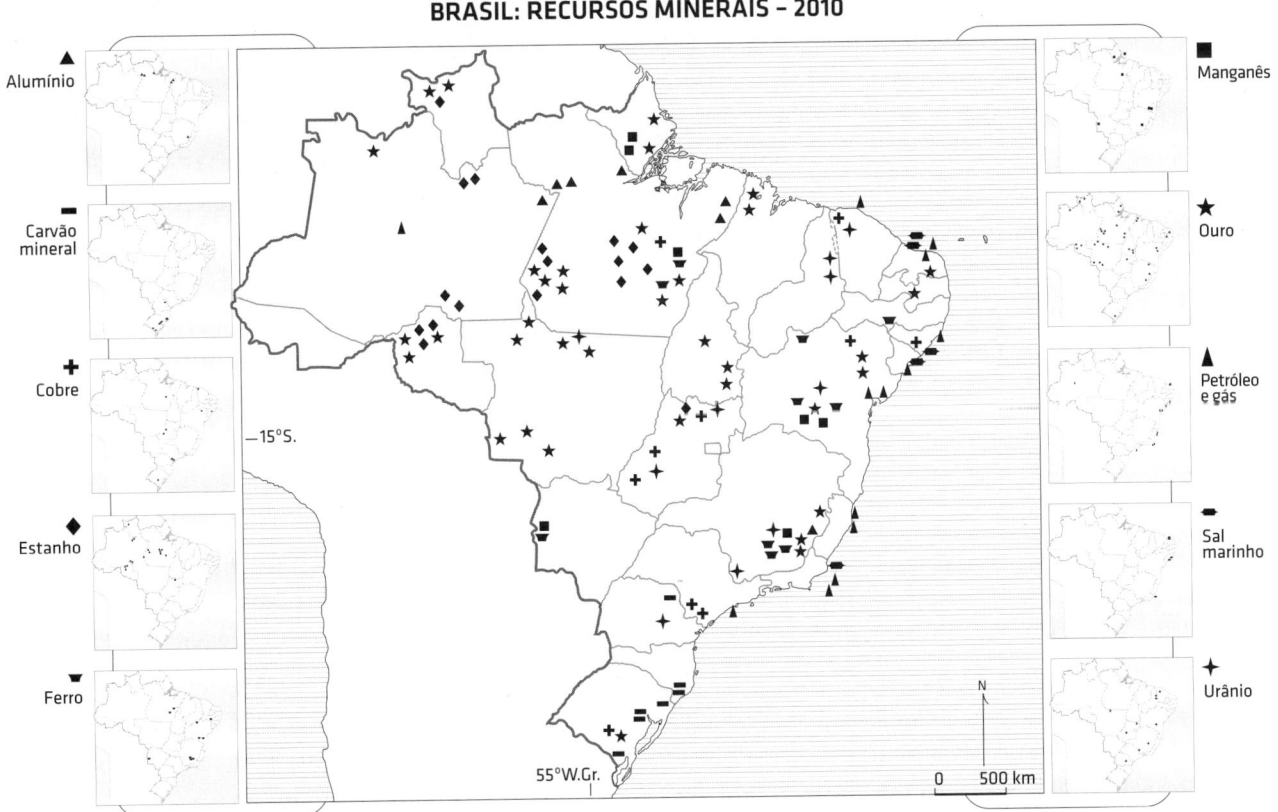

Fig. 2.9   Mapa com legenda por coleção de mapas
Fonte dos dados: IBGE (2010).

construir mentalmente a imagem de conjunto, isto é, o "mapa do petróleo".

Para obter resposta visual instantânea à questão em nível de conjunto "onde está o ouro?", deve-se considerar a segunda solução. Esta, além de mostrar onde está o ouro, revela, por exemplo, que o alumínio está no norte, e o carvão, no sul; que a maior concentração de petróleo e gás é verificada no litoral; e que o ouro é bastante disperso.

Em termos interpretativos, ambos os mapas podem levantar questões como "a distribuição desses recursos estaria condicionada à geologia?". Para verificar em que tipos de terreno os recursos são encontrados, busca-se o auxílio de um mapa geológico, no qual seria avaliado se a grande maioria dos recursos está vinculada a rochas sedimentares ou a escudos cristalinos.

Representações qualitativas para manifestações em linha: o mapa das vias de transporte do Brasil

Outro mapa fácil de elaborar é o que representa a diversidade das ocorrências com manifestação em linha, como rodovias, ferrovias, hidrovias etc.

Para fazer um mapa desse tipo, mobilizam-se variações visuais em linha, criando-se uma diversidade entre elas por meio da seleção de *cor* ou de *forma* entre os elementos que perfazem as linhas. Como a superfície das linhas é muito diminuta, a cor não resulta plenamente satisfatória (Fig. 2.10).

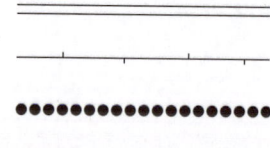

Fig. 2.10 Diversidade entre as linhas

Essa variedade de linhas é colocada em correspondência com as modalidades de vias de transporte de acordo com uma classificação, o que constitui a legenda do mapa. Desse modo, a diversidade entre as vias de transporte é transcrita pela diversidade visual entre as linhas (Fig. 2.11).

Terminado o mapa, pode-se efetuar sua leitura, análise e interpretação.

Em nível de conjunto, pode-se visualizar, num primeiro momento, se há grandes disparidades: onde a rede de vias de transporte é mais densa e onde é mais rala. Em seguida, compete avaliar se a rede se estrutura em um único sistema de interligações ou se subdivide em vários módulos de conexão.

De forma exaustiva, o mapa permite averiguar quais tipos de via de transporte servem cada Estado brasileiro.

Assim, pode-se constatar, por exemplo, que o Estado de São Paulo é servido por três modalidades de via de transporte, detendo a rede mais densa do País, estruturada de forma radial cortada por vias transversais e longitudinais e que se conecta com todos os pontos do território nacional.

Representações qualitativas para manifestações em área – método corocromático qualitativo: o mapa da vegetação do Brasil

Um terceiro mapa que também não apresenta grande dificuldade para ser composto é o que representa a diversidade das ocorrências com manifestação em área, como o mapa da vegetação. Essas áreas são estipuladas de acordo com uma classificação estabelecida pela ciência que estuda esse tema, a Biogeografia e a Botânica, mais especificamente.

Para a elaboração desse mapa, aplica-se o *método corocromático qualitativo*, em que a diversidade das ocorrências com manifestação em área é transcrita pela diversidade entre as *cores* ou entre as *texturas* (Fillacier, 1986) (Fig. 2.12).

Seja a representação da cobertura atual da vegetação do Brasil em 2007, apresentada na Fig. 2.13. Tal como no caso do mapa dos recursos minerais, o mapa da vegetação atual pode ser feito com uma legenda que possibilite a rápida apreensão da localização de cada ocorrência: a cada rubrica da legenda associa-se um pequeno mapa registrando a presença e a extensão da respectiva vegetação (Fig. 2.14).

BRASIL: VIAS DE TRANSPORTE – 2010

Fig. 2.11 Representação em mapa da diversidade em linhas
Fonte dos dados: IBGE (2010).

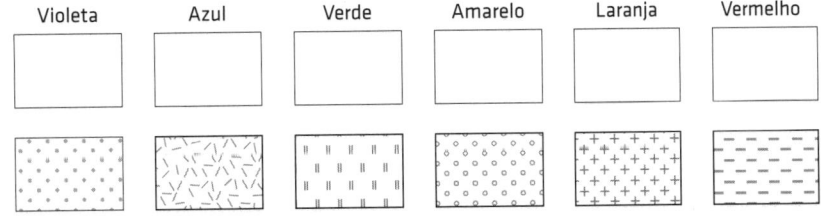

Fig. 2.12 Diversidade entre cores e texturas

Essa solução, como visto anteriormente, possibilita resposta visual instantânea a questões em nível de conjunto, como "onde estão os cerrados?", além de permitir a leitura exaustiva, isto é, a verificação, por exemplo, das ocorrências de vegetação que o Estado de Goiás exibe.

A leitura, a análise e a interpretação do mapa da vegetação podem fazer com que o leitor se coloque vários tipos e níveis de questões. Num primeiro momento, ele pode se interessar em averiguar se há grande homogeneidade de vegetação ou, ao contrário, se persiste muita diversidade. Em seguida, pode verificar qual a vegetação predominante e qual a de menor expressão. Por fim, em nível analítico, pode observar quais as formações vegetais que se encontram no Estado do Piauí.

Fig. 2.13 Representação em mapa da diversidade em área
Fonte dos dados: IBGE (2007).

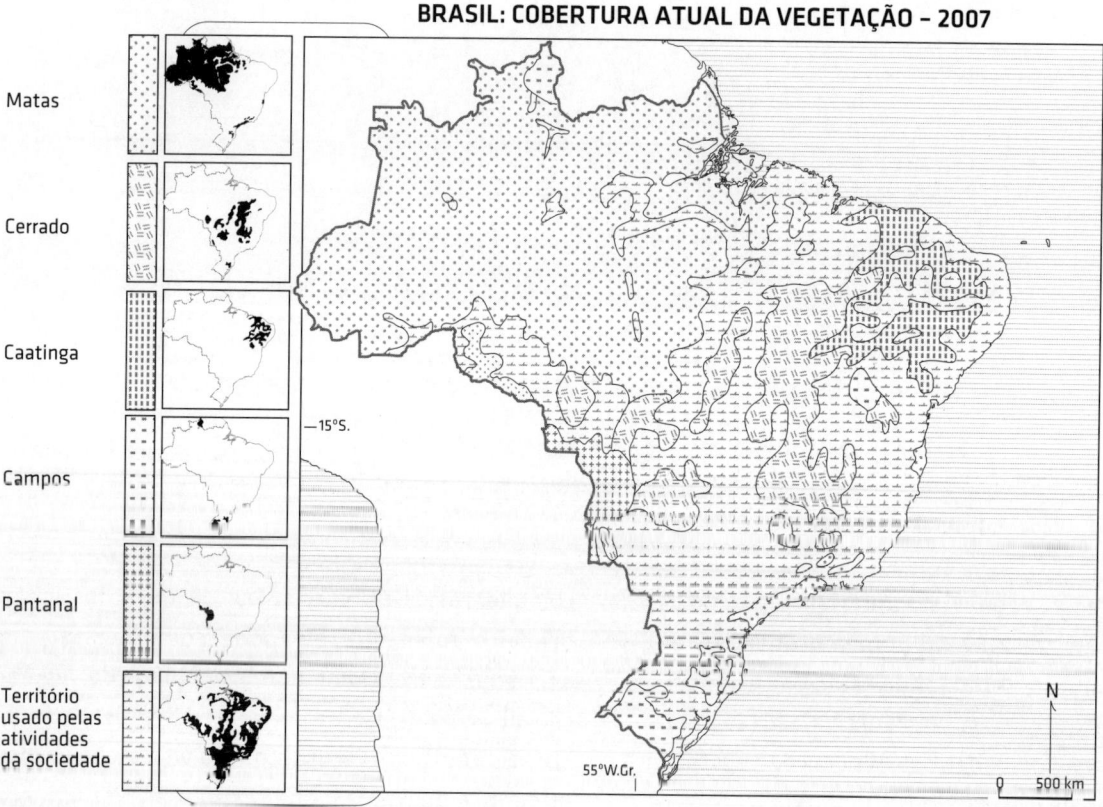

Fig. 2.14 Mapa com legenda por coleção de mapas
Fonte dos dados: IBGE (2007).

Em nível de conjunto, pode-se questionar, por exemplo, "onde estão as florestas?" ou "onde predomina o uso do território pelas atividades do homem em sociedade?".

Interpretativamente, podem-se levantar questões como "quais fatores naturais e sociais teriam tomado parte para desenhar a atual distribuição espacial da vegetação natural no Brasil?" ou, ainda, "o que explicaria a homogeneidade em certas regiões contrastando com a heterogeneidade em outras?".

2.2.4 Métodos para representações ordenadas (O)

As representações ordenadas em mapas são indicadas quando os fenômenos admitem uma classificação segundo uma ordem, com categorias deduzidas de interpretações quantitativas ou de datações. São exemplos a hierarquia das cidades pelo critério do tamanho funcional, a sequência da ocupação dos espaços agrícolas no tempo e a expansão das ferrovias pelas datas de chegada às cidades dentro de um território.

Representações ordenadas para manifestações em ponto: o mapa da hierarquia das cidades do Brasil

O mapa com representação ordenada de ocorrências com manifestação em ponto é bastante simples de elaborar. Seja, por exemplo, a representação da hierarquia das cidades do Brasil, dada pelo Quadro 2.2.

Para a elaboração desse mapa, será mobilizada a variável visual dita *valor*, que vai do escuro ao claro, dentro de círculos de mesmo tamanho, para os pontos que são as cidades (Fig. 2.15).

Quadro 2.2 Brasil: hierarquia das cidades brasileiras – 2007

Categoria	Cidades			
Grande Metrópole Nacional	São Paulo			
Metrópole Nacional	Rio de Janeiro	Brasília		
Metrópole	Manaus	Belém	Fortaleza	Recife
	Salvador	Belo Horizonte	Curitiba	Porto Alegre
	Goiânia			
Capital Regional	São Luís	Teresina	Natal	João Pessoa
	Maceió	Aracaju	Vitória	Campinas
	Florianópolis	Campo Grande	Cuiabá	Boa Vista
	Rio Branco	Porto Velho	Santarém	Macapá
	Marabá	Araguaína	Palmas	Imperatriz
	Sobral	Crato	Mossoró	Campina Grande
	Caruaru	Arapiraca	Juazeiro	Feira de Santana
	Barreiras	Vitória da Conquista	Ilhéus	Montes Claros
	Uberlândia	Uberaba	Governador Valadares	Ipatinga
	Itabira	Divinópolis	Poços de Caldas	Varginha
	Porto Alegre	Juiz de Fora	Cachoeiro de Itapemirim	Campos dos Goytacazes
	Volta Redonda	São José do Rio Preto	Ribeirão Preto	Araçatuba
	Araraquara	Presidente Prudente	Marília	Bauru
	Jaú	Sorocaba	São José dos Campos	Santos
	Dourados	Maringá	Londrina	Ponta Grossa
	Cascavel	Joinville	Blumenau	Chapecó
	Criciúma	Passo Fundo	Ijuí	Santa Maria
	Caxias do Sul	São Leopoldo	Pelotas	

Fonte: IBGE (2008).

32 Mapas, gráficos e redes

Fig. 2.15 Ordem visual entre os círculos

Esses círculos, que variam do preto ao branco, serão colocados em correspondência com a hierarquia das cidades de acordo com seu equipamento funcional, isto é, os bens e serviços que oferecem. As cidades são classificadas em Grande Metrópole Nacional, Metrópole Nacional, Metrópole e Capital Regional, o que constituirá a legenda do mapa. Assim, a ordem entre as cidades será transcrita pela ordem visual entre os círculos. Para tornar essa ordem visual mais evidente, com fácil visualização do mapa, pode-se associar a ela uma sutil variação de tamanho, do maior para o menor (Fig. 2.16).

Com essas diretrizes, passa-se à organização do mapa (Fig. 2.17).

A leitura, análise e interpretação desse mapa não são difíceis. Numa primeira visualização pode-se facilmente observar que a concentração maior de cidades está na faixa leste do território nacio-

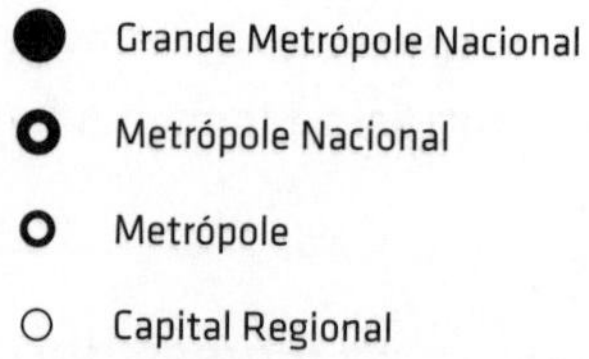

- ● Grande Metrópole Nacional
- ◉ Metrópole Nacional
- ○ Metrópole
- ○ Capital Regional

Fig. 2.16 Símbolos para a representação ordenada das cidades

BRASIL: HIERARQUIA DAS CIDADES BRASILEIRAS – 2007

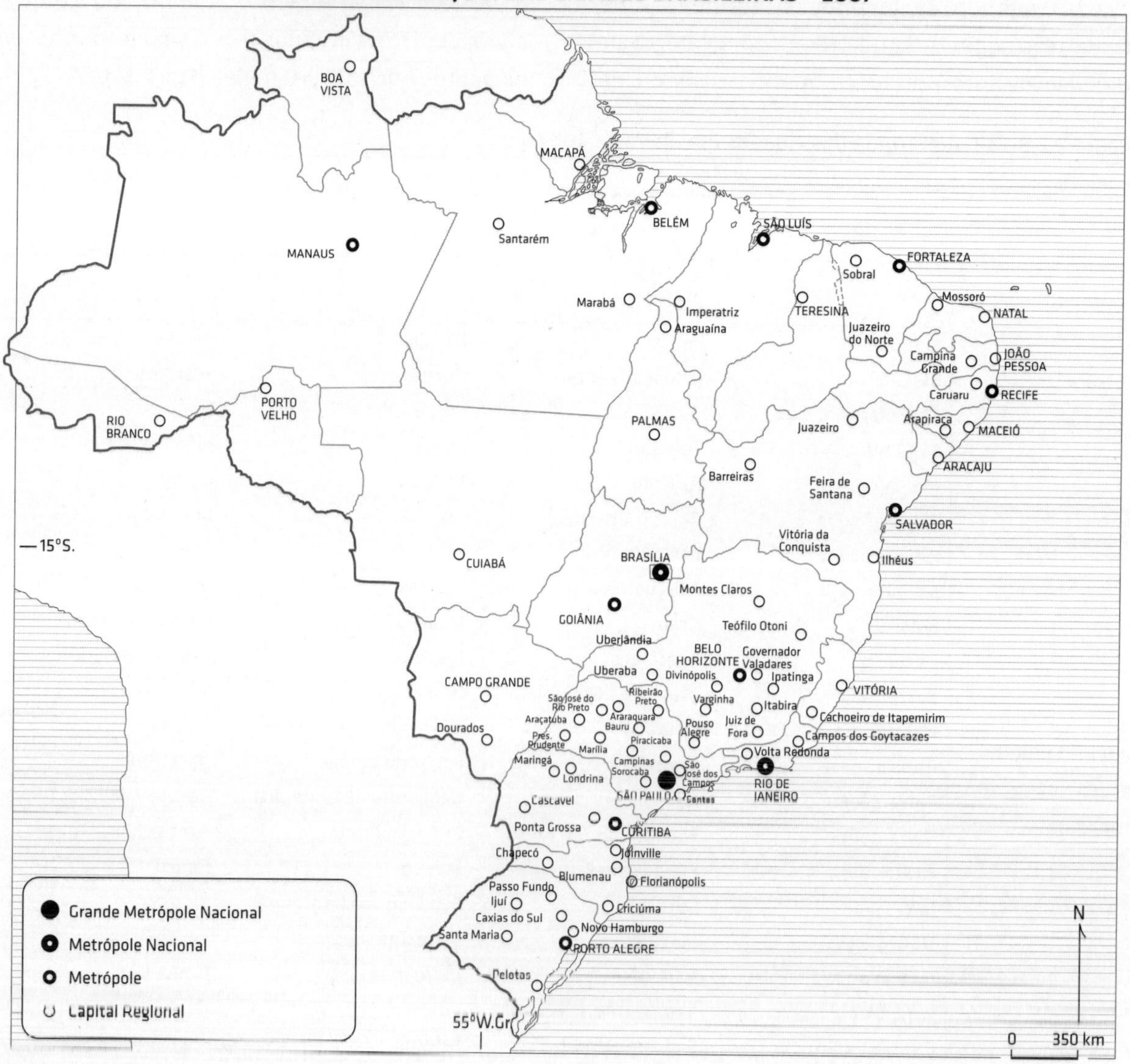

Fig. 2.17 Representação em mapa da ordem em pontos
Fonte dos dados: IBGE (2008).

nal, onde se destacam os Estados que compõem as grandes regiões Sudeste e Sul.

Como a variável visual mobilizada para representar a hierarquia das cidades foi o valor em associação com uma tênue variação de tamanho, e pelo fato de essas duas variáveis visuais construírem a imagem, a resposta visual será instantânea em questões como "onde estão as Grandes Metrópoles Nacionais?".

O mapa permite também a leitura em nível elementar, ao se indagar, por exemplo, "qual Estado ou quais Estados detêm todos os níveis hierárquicos de cidades?" ou, ainda, "Minas Gerais apresenta uma hierarquia urbana completa?".

Em nível de interpretação, pode ser interessante averiguar qual o vínculo da atual hierarquia das cidades com o processo de formação econômica e social do País.

Representações ordenadas para manifestações em linha: o mapa da hierarquia das rodovias do Brasil

A confecção do mapa que representa a ordem das ocorrências com manifestação em linha também não apresenta grandes dificuldades. Para sua elaboração, será preciso mobilizar a variável visual dita *valor* para linhas (Fig. 2.18).

Seja o mapa da hierarquia das rodovias do Brasil, apresentado na Fig. 2.19. Nele são dispostas

Fig. 2.18 Ordem visual entre as linhas

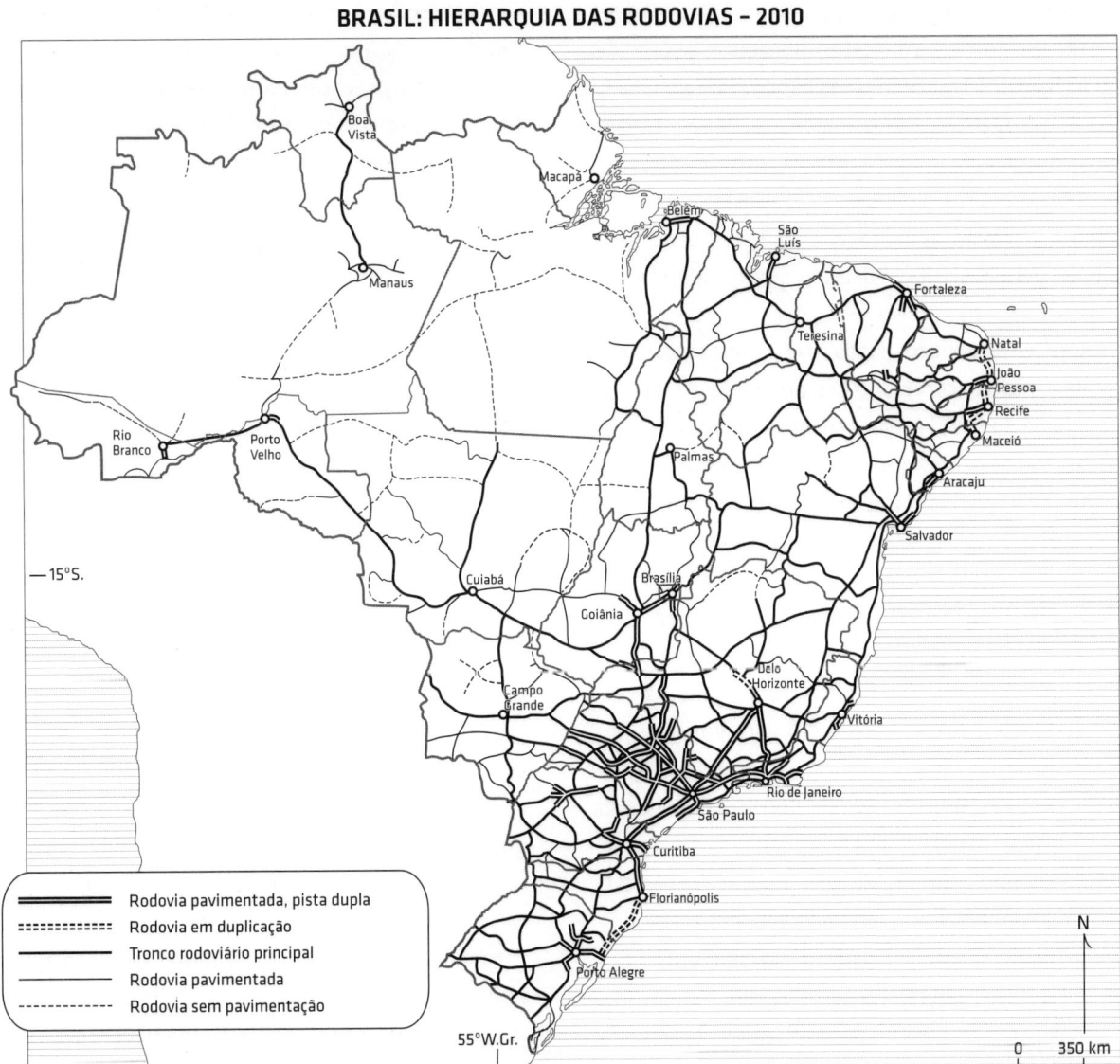

Fig. 2.19 Representação em mapa da ordem em linhas
Fonte dos dados: IBGE (2010).

linhas variando visualmente do escuro ao claro e um pouco na espessura, que são colocadas em correspondência com uma classificação hierarquizada das vias, o que constitui a legenda do mapa. Assim, a ordem entre as rodovias será transcrita pela ordem visual entre as linhas.

O processo de leitura, análise e interpretação desse mapa é praticamente análogo ao do mapa das vias de transporte (Fig. 2.11). Entretanto, como ele representa uma só modalidade de via de transporte, as rodovias, mostrando-as segundo sua hierarquia por meio de uma ordem visual entre linhas, o mapa é de fácil e rápido entendimento.

A resposta visual à questão "onde estão os principais troncos rodoviários?" é instantânea. Questões de nível elementar, como "que nível de rodovia serve predominantemente a Grande Região Norte?", também têm resposta fácil.

Em termos interpretativos, pode-se tentar buscar explicações para a ainda incompleta integração rodoviária do País, já que esse meio de transporte foi prioritário no modelo econômico adotado pelo Brasil nos últimos quarenta anos.

Representações ordenadas para manifestações em área – método corocromático ordenado: o mapa da geologia do Brasil na sequência cronológica

Elaborar um mapa que representa a ordem das ocorrências com manifestação em área também não é difícil. Emprega-se o *método corocromático ordenado*, para o qual é necessário mobilizar a variável visual dita valor para áreas, o que pode ser feito usando-se uma ordem visual entre as cores quentes, das mais claras até as mais escuras, ou se empregando uma ordem visual construída com texturas, que vão também das mais claras até as mais escuras (Fillacier, 1986) (Fig. 2.20).

Seja o mapa do Brasil ressaltando a sequência cronológica (a ordem no tempo) das unidades geológicas, das mais recentes às mais antigas (Fig. 2.21). Uma ordem visual, do claro ao escuro, é colocada em correspondência com a ordem do tempo geológico, o que constitui a legenda do

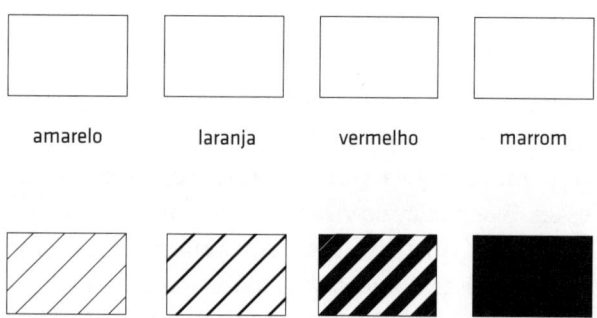

Fig. 2.20 Ordem visual entre cores e texturas

mapa. Desse modo, a ordem do tempo entre as unidades geológicas será transcrita pela ordem visual entre as cores ou texturas.

O mesmo raciocínio utilizado nos mapas dos recursos minerais e da vegetação natural pode ser aqui empregado, com o intuito de possibilitar visualização rápida e fácil apreensão da imagem construída pelos conjuntos espaciais que representam as unidades geológicas: a cada rubrica da legenda associa-se um pequeno mapa registrando as respectivas unidades geológicas (Fig. 2.22).

A leitura, análise e interpretação desse mapa permitem apreciar, em particular, o padrão do arranjo espacial das unidades geológicas do Brasil numa sequência cronológica.

Nesse sentido, num primeiro momento, em nível elementar de abordagem, pode-se notar a predominância dos terrenos mais antigos, do Pré-Cambriano, mas não deixando muito para trás a importante presença dos terrenos do Paleozoico e do Mesozoico. É fácil verificar também onde predominam os terrenos do Cenozoico.

Como a variável visual mobilizada para representar a sequência cronológica nesse mapa foi o valor, imediatamente aparece a imagem do conjunto, o que dá resposta visual instantânea a questões como "onde estão as rochas mais antigas?" e "onde estão os terrenos mais recentes?". Dessa maneira, pode-se verificar, em nível de análise e interpretação, que, de maneira geral, as unidades geológicas vão das mais antigas às mais recentes conforme se caminha sobre o território nacional de leste para oeste.

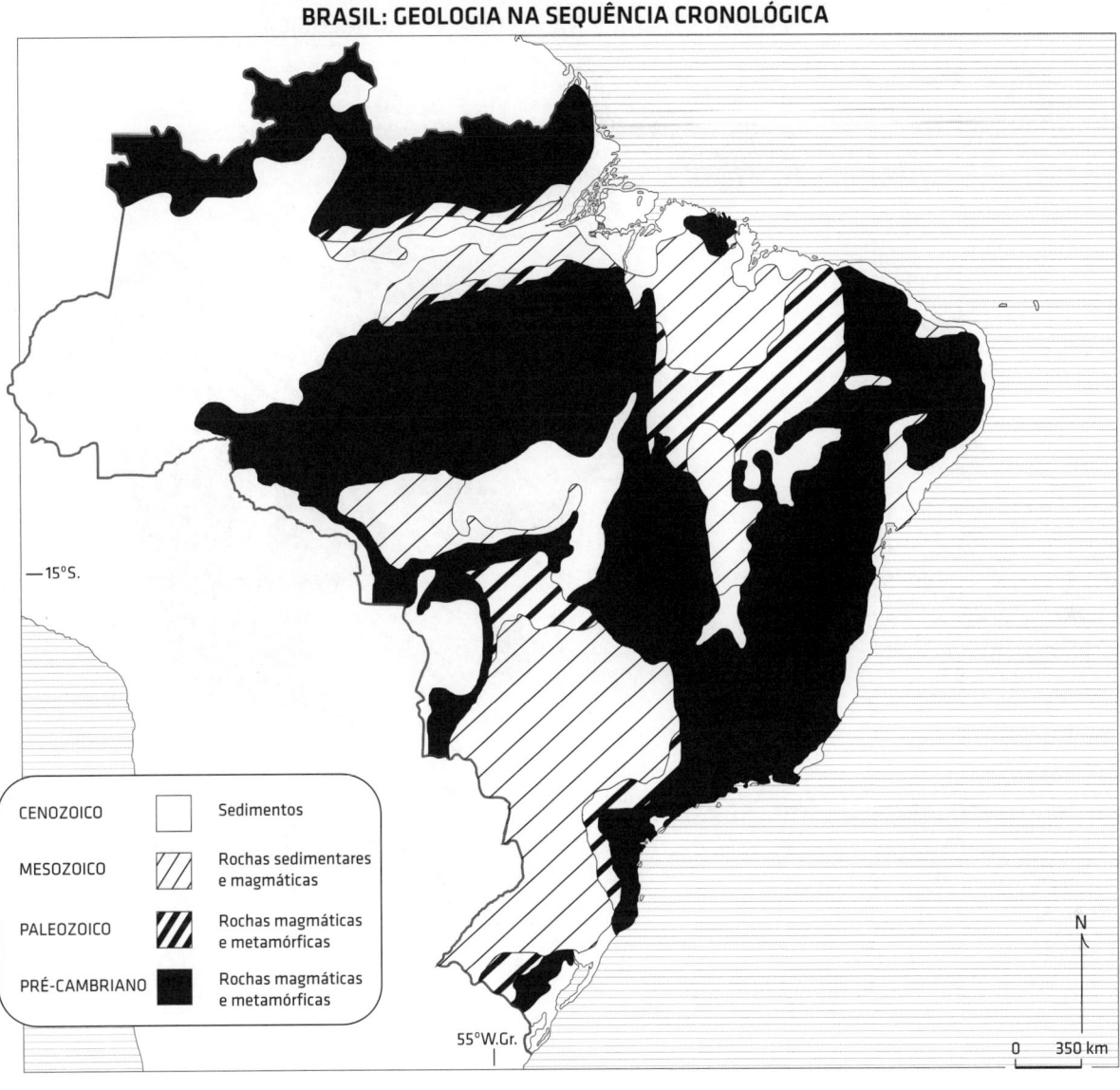

Fig. 2.21 Representação em mapa da ordem em áreas
Fonte dos dados: IBGE (2010).

2.2.5 Métodos para representações quantitativas (Q)

As representações quantitativas em mapas são empregadas para comunicar quantidades ou contagens acerca de fenômenos, sendo a elas atribuídos valores numéricos, o que evidencia a proporcionalidade entre esses fenômenos: a cidade A tem quatro vezes mais moradores que a cidade B, por exemplo.

Representações quantitativas de valores absolutos para manifestações em ponto – método das figuras geométricas proporcionais: o mapa da população das capitais brasileiras

O mapa com representação quantitativa das ocorrências com manifestação em ponto é ideal para a abordagem de fenômenos localizados, com dados em valores absolutos, como é o caso da população das capitais brasileiras.

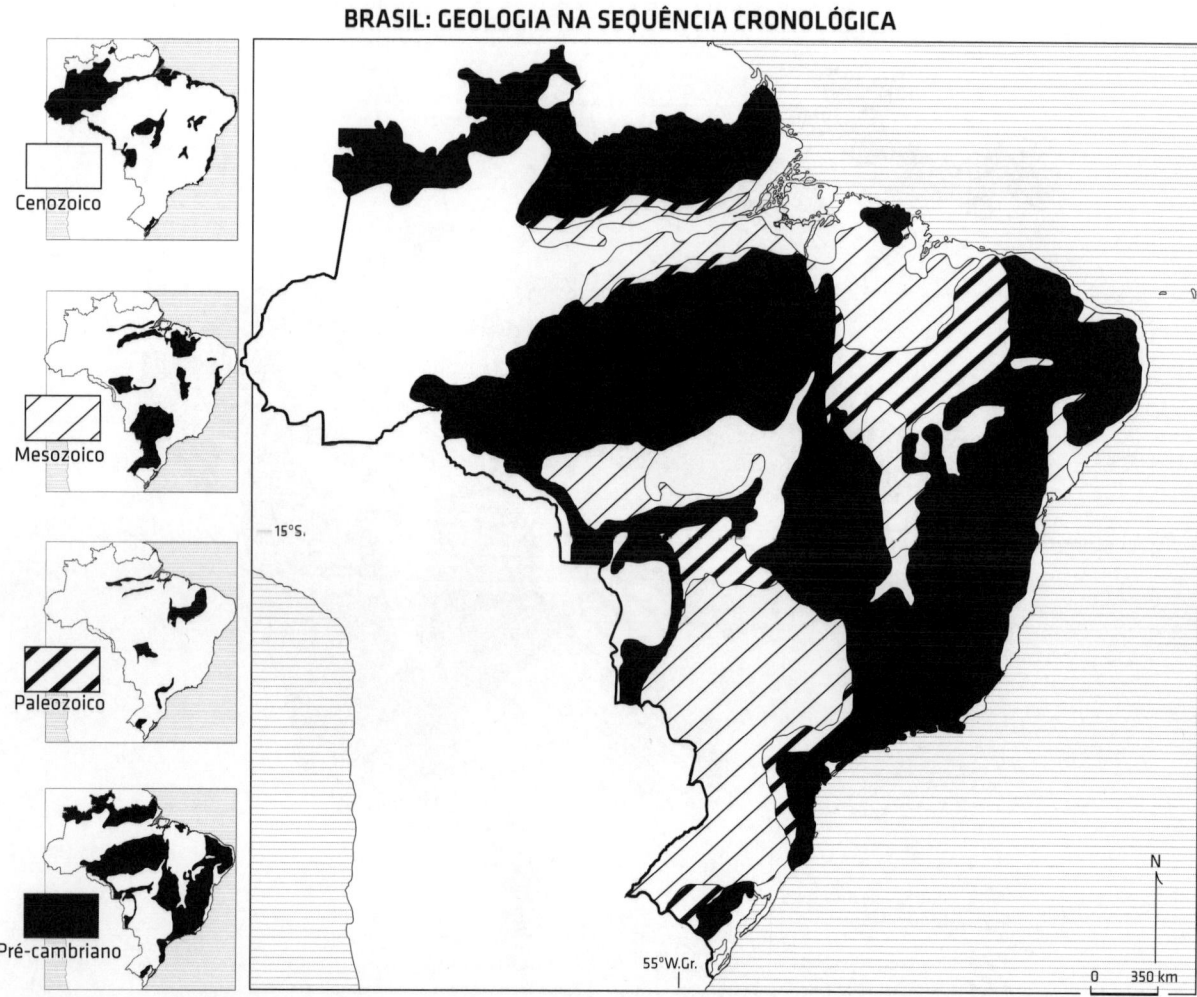

Fig. 2.22 Mapa com legenda por coleção de mapas
Fonte dos dados: IBGE (2010).

Seja a representação da população residente nas capitais brasileiras em 2010.

Para a elaboração desse mapa, aplica-se o *método das figuras geométricas proporcionais*, que estabelece como adequado o emprego da variável visual *tamanho*. O tamanho de uma figura de forma escolhida, como o círculo, será proporcional à quantidade da ocorrência em valores absolutos. O número de habitantes das capitais brasileiras será, assim, transcrito por círculos com tamanhos proporcionais, que serão colocados no lugar das cidades e transcreverão a noção de cidades mais ou menos populosas.

A forma mais simples de calcular essa proporcionalidade é considerar a área do círculo igual à quantidade (Q) a ser representada. Portanto, seu raio será proporcional a $\sqrt{Q}$:

$$\text{Raio do círculo} = \sqrt{Q}$$

Em função da variabilidade dos dados, os círculos às vezes poderão resultar ou muito grandes ou muito pequenos. Para adequá-los à escala do mapa, basta multiplicar ou dividir todos os raios por uma constante (K):

$$\text{Raio do círculo} = \sqrt{Q} \cdot K$$
$$\text{ou}$$
$$\text{Raio do círculo} = \sqrt{Q}/K$$

A legenda será apresentada como um gráfico, sobre o qual se farão as leituras quantitativas dos círculos. Nas abscissas vão os valores de população; nas ordenadas, as medidas gráficas dos respectivos parâmetros lineares que se possam medir diretamente sobre o mapa: os diâmetros dos círculos. Para facilitar a leitura e a avaliação visual, considera-se a curva que une as extremidades dos diâmetros, a qual emoldura alguns tamanhos de círculos correspondendo a valores característicos de sua distribuição. Encabeçando o gráfico, há a designação do que ele trata, nesse caso, a "população" (Tab. 2.1).

Com base nessa tabela, serão tomados alguns valores entre os maiores, os menores e os intermediários a fim de testar os tamanhos. Para os círculos caberem coerentemente no mapa, todos os valores dos raios serão divididos por uma constante K, que, nesse caso, é conveniente que seja igual a 250. Pode-se então averiguar que o círculo menor, o de Palmas, ficará com um raio de 2,0 mm, e o círculo maior, o de São Paulo, com um raio de 13,4 mm, tamanhos compatíveis com a escala da base cartográfica escolhida para o Brasil (Tab. 2.2).

O arranjo entre círculos grandes e pequenos sobre o mapa demanda alguns cuidados para

Tab. 2.1   Brasil: população das capitais – 2010

Capitais	População residente
Aracaju	579.968
Belém	1.393.399
Belo Horizonte	2.375.151
Boa Vista	290.313
Brasília	2.570.160
Campo Grande	786.797
Cuiabá	551.098
Curitiba	1.751.907
Florianópolis	421.240
Fortaleza	2.452.185
Goiânia	1.302.001
João Pessoa	723.515
Macapá	398.204
Maceió	932.748
Manaus	1.802.014
Natal	803.739
Palmas	242.332
Porto Alegre	1.409.351
Porto Velho	428.527
Recife	1.537.704
Rio Branco	336.038
Rio de Janeiro	6.320.446
Salvador	2.675.656
São Luís	1.014.837
São Paulo	11.253.503
Teresina	814.230
Vitória	327.801

Fonte: IBGE (2010).

Tab. 2.2   Cálculos do tamanho dos círculos

Capitais	População residente (Q)	$\sqrt{Q}$	$R = \sqrt{Q}/250$ (raio em mm)
Aracaju	579.968	761,2	3,0
Belém	1.393.399	1.180,4	4,7
Belo Horizonte	2.375.151	1.541,2	6,2
Boa Vista	290.313	538,8	2,2
Brasília	2.570.160	1.603,2	6,4
Campo Grande	786.797	887,0	3,5
Cuiabá	551.098	742,4	3,0
Curitiba	1.751.907	1.323,6	5,3
Florianópolis	421.240	649,0	2,6
Fortaleza	2.452.185	1.565,9	6,3
Goiânia	1.302.001	1.141,1	4,6
João Pessoa	723.515	850,6	3,4
Macapá	398.204	631,0	2,5
Maceió	932.748	965,8	3,9
Manaus	1.802.014	1.342,4	5,4
Natal	803.739	896,5	3,6
Palmas	242.332	492,3	2,0
Porto Alegre	1.409.351	1.187,2	4,7
Porto Velho	428.527	654,6	2,6
Recife	1.537.704	1.240,0	5,0
Rio Branco	336.038	579,7	2,3
Rio de Janeiro	6.320.446	2.514,0	10,1
Salvador	2.675.656	1.635,7	6,5
São Luís	1.014.837	1.006,9	4,0
São Paulo	11.253.503	3.354,6	13,4
Teresina	814.230	902,3	3,6
Vitória	327.801	572,5	2,3

Fonte: IBGE (2010).

melhor acabamento. Quando há superposição, deve-se deixar o círculo menor completo sobre o maior interrompido (Fig. 2.23).

Representações quantitativas de valores absolutos para manifestações em área – método das figuras geométricas proporcionais: o mapa da população dos Estados brasileiros

Esse mapa é um exemplo de aplicação de representação quantitativa para ocorrências com manifestação em área, os Estados. Como se trata de valores absolutos – a população –, para elaborá-lo aplica-se também o *método das figuras geométricas proporcionais*. No entanto, as figuras escolhidas, os círculos, serão centralizadas nas áreas de ocorrência das quantidades, os Estados. Os *tamanhos* proporcionais às respectivas populações transcreverão a noção de Estados mais ou menos populosos (Tab. 2.3).

Para estipular os tamanhos adequados dos círculos e lançá-los corretamente sobre os Estados brasileiros, basta seguir as mesmas orientações

BRASIL: POPULAÇÃO DAS CAPITAIS – 2010

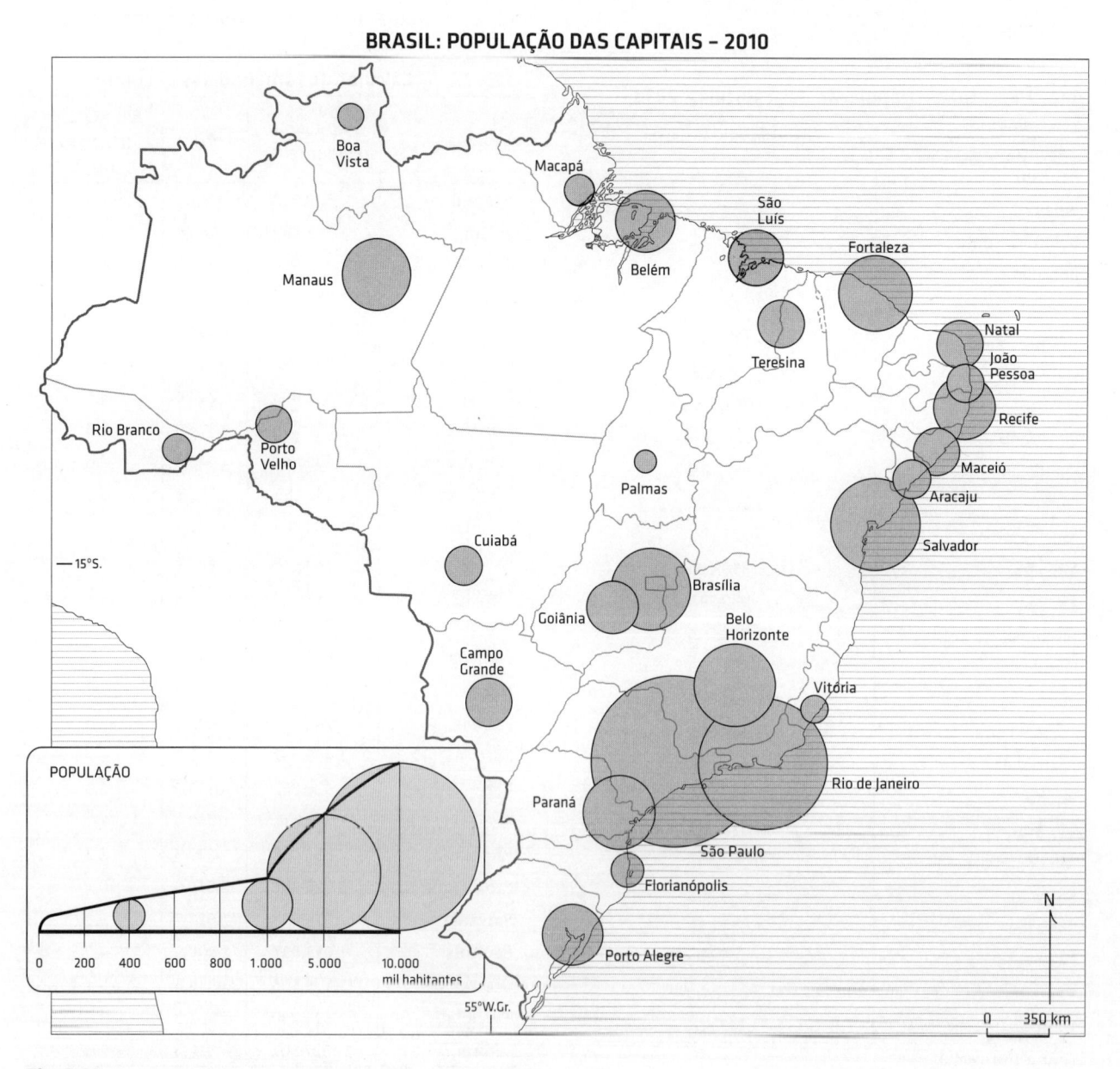

Fig. 2.23 Representação em mapa com tamanhos proporcionais
Fonte dos dados: IBGE (2010).

dadas para o mapa anterior. Para esse caso, é conveniente que K seja igual a 400, resultando em um raio de 16,1 mm para o círculo do Estado de São Paulo, o maior, e um raio de 1,7 mm para o círculo do Estado de Roraima, o menor (Tab. 2.4).

Para a legenda com círculos proporcionais, será considerada a mesma apresentação feita para o mapa da população das capitais brasileiras (Fig. 2.23). O título da legenda será, agora, "população total" (Fig. 2.24).

Tab. 2.3   Brasil: população residente segundo as unidades da Federação – 2010

Unidades da Federação	População
Acre	733.559
Alagoas	3.120.494
Amazonas	3.483.985
Amapá	659.526
Bahia	14.016.906
Ceará	8.452.381
Distrito Federal	2.570.160
Espírito Santo	3.514.952
Goiás	6.003.788
Maranhão	6.574.789
Mato Grosso	3.035.122
Mato Grosso do Sul	2.449.024
Minas Gerais	19.597.330
Pará	7.581.051
Paraíba	3.766.528
Paraná	10.444.526
Pernambuco	8.796.448
Piauí	3.118.360
Rio de Janeiro	15.989.929
Rio Grande do Norte	3.168.027
Rio Grande do Sul	10.693.929
Rondônia	1.562.409
Roraima	450.479
Santa Catarina	6.248.436
São Paulo	41.262.199
Sergipe	2.068.017
Tocantins	1.383.445

Fonte: IBGE (2010).

Tab. 2.4 Cálculos do tamanho dos círculos

Unidades da Federação	População	$\sqrt{Q}$	$R = \sqrt{Q}/400$ (em mm)
Acre	733.559	856,5	2,1
Alagoas	3.120.494	1.766,5	4,4
Amazonas	3.483.985	1.866,5	4,7
Amapá	659.526	818,2	2,0
Bahia	14.016.906	3.743,9	9,4
Ceará	8.452.381	2.907,3	7,3
Distrito Federal	2.570.160	1.603,2	4,0
Espírito Santo	3.514.952	1.874,8	4,7
Goiás	6.003.788	2.450,3	6,1
Maranhão	6.574.789	2.564,1	6,4
Mato Grosso	3.035.122	1.742,2	4,4
Mato Grosso do Sul	2.449.024	1.564,9	3,9
Minas Gerais	19.597.330	4.426,9	11,1
Pará	7.581.051	2.753,4	6,9
Paraíba	3.766.528	1.940,8	4,9
Paraná	10.444.526	3.231,8	8,1
Pernambuco	8.796.448	2.965,9	7,4
Piauí	3.118.360	1.765,9	4,4
Rio de Janeiro	15.989.929	3.998,7	10,0
Rio Grande do Norte	3.168.027	1.779,9	4,4
Rio Grande do Sul	10.693.929	3.270,2	8,2
Rondônia	1.562.409	1.279,9	3,1
Roraima	450.479	671,2	1,7
Santa Catarina	6.248.436	2.499,7	6,2
São Paulo	41.262.199	6.423,6	16,1
Sergipe	2.068.017	1.438,1	3,6
Tocantins	1.383.445	1.176,2	2,9

Fonte: IBGE (2010).

Representações quantitativas de totais e respectivas parcelas para manifestações em área – método das figuras geométricas proporcionais divididas: o mapa da população total, urbana e rural do Brasil

A elaboração desse mapa servirá de pretexto para a aplicação de um método já visto, o *método das figuras geométricas proporcionais*, dividindo--se, porém, as figuras em partes para mostrar a composição das parcelas dentro do total. Assim, o *tamanho* dos círculos será proporcional à popu-

BRASIL: POPULAÇÃO RESIDENTE SEGUNDO AS UNIDADES DA FEDERAÇÃO – 2010

POPULAÇÃO TOTAL

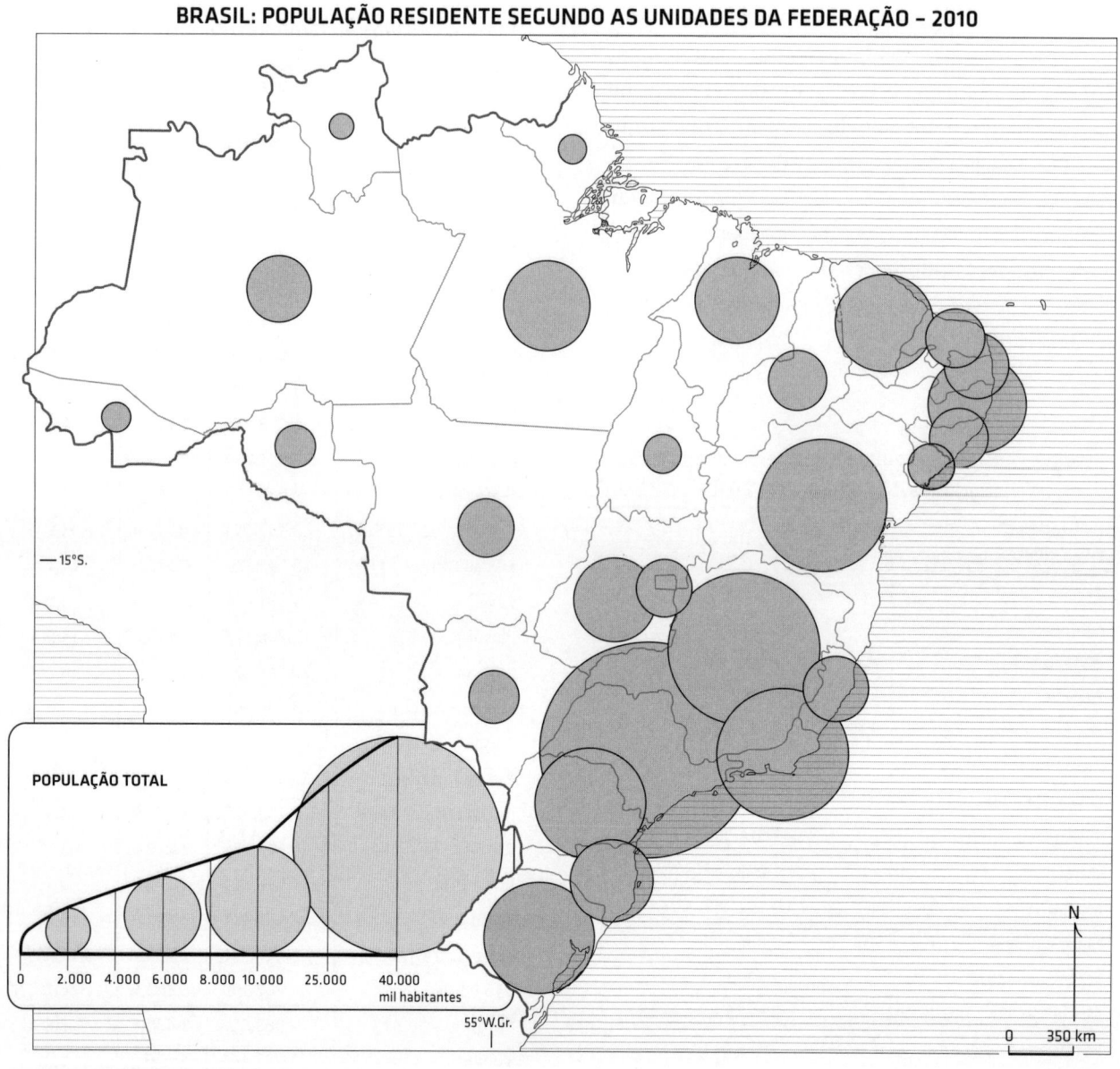

0 2.000 4.000 6.000 8.000 10.000 25.000 40.000
mil habitantes

55°W.Gr.

0 350 km

Fig. 2.24 Representação em mapa com tamanhos proporcionais
Fonte dos dados: IBGE (2010).

lação total, sendo divididos em dois setores para representar, respectivamente, as parcelas da população urbana e da população rural.

Seja a construção do mapa da população total, urbana e rural do Brasil para 2010 com base nos dados da Tab. 2.5. Cada círculo será centrado em seu respectivo Estado e, além de representar, por seu tamanho, a população total, apresentará uma divisão em dois setores para as parcelas urbana e rural.

O cálculo para o tamanho dos círculos é o mesmo dos dois mapas anteriores. Nesse caso, ainda será preciso dividir o círculo em setores proporcionais às parcelas. Como elas geralmente são dadas em porcentagem, basta lembrar que 1% corresponde a 3,6° do círculo. Essa divisão deve iniciar no alto e orientar-se no sentido horário. Para facilitar essa construção, recomenda-se usar o círculo das porcentagens, um instrumento que é reajustado para 0% a cada novo setor a ser medido. Como são somente dois setores, basta uma medida. O complemento se refere ao setor da população rural.

Além de permitir a leitura dos tamanhos, a legenda desse mapa deverá identificar as parcelas da divisão. Podem-se empregar cores ou texturas

Tab. 2.5 Brasil: população residente total, urbana e rural segundo as unidades da Federação – 2010

Unidades da Federação	População total	Urbana		Rural	
		População	%	População	%
Acre	733.559	532.279	72,56	201.280	27,44
Alagoas	3.120.494	2.297.860	73,64	822.634	26,36
Amazonas	3.483.985	2.755.490	79,09	728.495	20,91
Amapá	659.526	601.036	89,77	68.490	10,23
Bahia	14.016.906	10.102.476	72,07	3.914.430	27,93
Ceará	8.452.381	6.346.569	75,09	2.105.812	24,91
Distrito Federal	2.570.160	2.482.210	96,58	87.950	3,42
Espírito Santo	3.514.952	2.931.472	83,40	583.480	16,60
Goiás	6.003.788	5.420.714	90,29	583.074	9,71
Maranhão	6.574.789	4.147.149	63,08	2.427.640	36,92
Mato Grosso	3.035.122	2.482.801	81,80	552.321	18,20
Mato Grosso do Sul	2.449.024	2.097.238	85,64	351.786	14,36
Minas Gerais	19.597.330	16.715.216	85,29	2.882.114	14,71
Pará	7.581.051	5.191.559	68,48	2.389.492	31,52
Paraíba	3.766.528	2.838.678	75,37	927.850	24,63
Paraná	10.444.526	8.912.692	85,33	1.531.834	14,67
Pernambuco	8.796.448	7.052.210	80,17	1.744.238	19,83
Piauí	3.118.360	2.050.959	65,77	1.067.401	34,23
Rio de Janeiro	15.989.929	15.464.239	96,71	525.690	3,29
Rio Grande do Norte	3.168.027	2.464.991	77,81	703.036	22,19
Rio Grande do Sul	10.693.929	9.100.291	85,10	1.593.638	14,90
Rondônia	1.562.409	1.149.180	73,55	413.229	26,45
Roraima	450.479	344.859	76,55	105.620	23,45
Santa Catarina	6.248.436	5.247.913	83,99	1.000.523	16,01
São Paulo	41.262.199	39.585.251	95,94	1.676.948	4,06
Sergipe	2.068.017	1.520.366	73,52	547.651	26,48
Tocantins	1.383.445	1.090.106	78,80	293.339	21,20

Fonte: IBGE (2010).

diferenciadas, que serão indicadas pela nomenclatura adequada – nesse caso, população urbana e população rural (Fig. 2.25).

A seguir serão tecidos comentários sobre as tarefas de leitura, análise e interpretação dos três mapas anteriores, o da população das capitais, o da população dos Estados brasileiros e o da população total dos Estados do Brasil, subdividida em urbana e rural. Eles são bastante análogos quanto à sua construção e ao seu resultado visual.

Os três mapas, pelo fato de mobilizarem a variável denominada *tamanho*, permitem visualizar imediatamente onde há mais ou menos pessoas, isto é, onde está o espaço mais ou menos populoso. É possível indagar também qual é o tamanho médio das capitais brasileiras e como se arranjam em relação às vias de transporte, ou como se agrupam os Estados mais populosos, se se distribuem regularmente ou com contrastes. Caso seja com contrastes, onde eles se encontram?

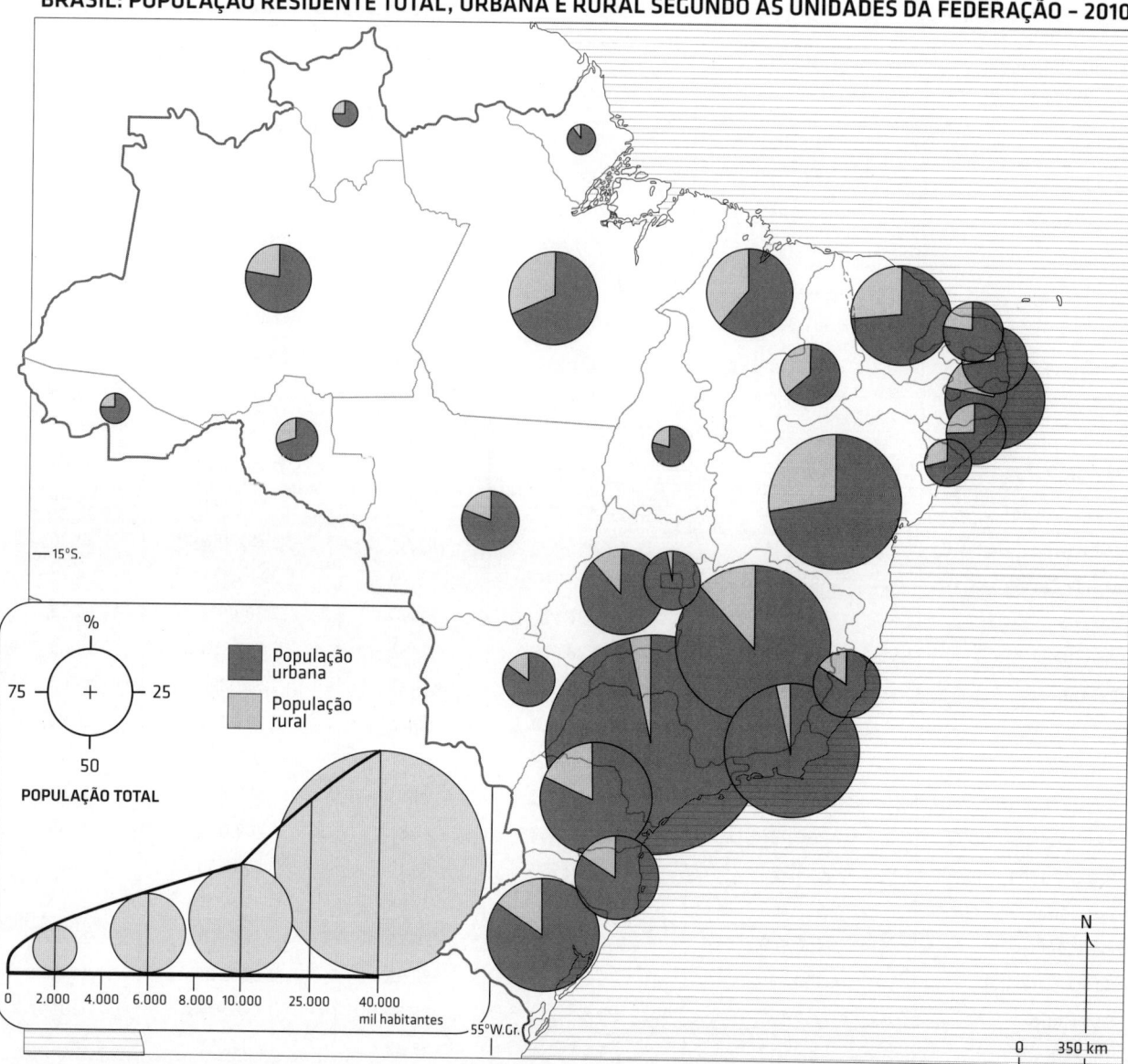

BRASIL: POPULAÇÃO RESIDENTE TOTAL, URBANA E RURAL SEGUNDO AS UNIDADES DA FEDERAÇÃO – 2010

Fig. 2.25 Representação em mapa com círculos proporcionais divididos
Fonte dos dados: IBGE (2010).

Nesse sentido, é evidente a oposição entre o leste e o oeste brasileiros.

No caso das capitais brasileiras, também será interessante saber como se organiza sua hierarquia e como esta se vincula com suas características funcionais.

Deve ser observado, em particular, que o mapa da população total, urbana e rural mostra, com clareza, o arranjo dos tamanhos populacionais. Já o confronto entre as proporções da população urbana e da população rural necessita descer a uma leitura em nível de detalhe, avaliando-se círculo por círculo e comparando-se, em cada um deles, os tamanhos dos setores, que são discriminados por meio de uma legenda qualitativa. É difícil obter resposta visual instantânea, por exemplo, à questão "onde a população rural é mais importante?".

Em nível de interpretação, podem-se colocar questões como "quais fatores explicariam tal padrão de distribuição das capitais brasileiras?" ou, ainda, avaliar qual a relação da distribuição da população brasileira com sua herança histórica e o decorrente processo de formação econômica e social do País.

Representações quantitativas de valores relativos para manifestações em área – método coroplético: o mapa das densidades demográficas do Brasil

A densidade demográfica é uma noção relativa, resultante da divisão da população de um determinado Estado por sua superfície, e transcreve, em mapa, a noção de áreas muito ou pouco povoadas.

Para elaborar esse mapa, utiliza-se o *método coroplético*, que mobiliza a variável visual tida como *valor*. Estabelece-se que a ordem dos valores relativos, como as densidades demográficas, agrupados em classes significativas, seja transcrita seguindo uma ordem visual entre as cores, frias ou quentes, indo das mais claras até as mais escuras, ou seguindo uma ordem visual construída com texturas, que vão também das mais claras até as mais escuras.

Para agrupar os dados em classes significativas, emprega-se um procedimento gráfico, o *histograma*, que é um gráfico de colunas justapostas para a série de dados relativos fornecida, em que cada coluna corresponde à frequência apurada dentro de classes de intervalos experimentais pequenos (*vide* os histogramas do Cap. 3).

Pronto o gráfico, isolam-se visualmente os agrupamentos naturais que as colunas formam, as quais delimitarão as classes, que não poderão ser muito numerosas – no máximo, oito – em razão das limitações da percepção visual em discernir uma ordem visual muito longa entre valores crescentes.

Os limites das classes encontradas por meio do histograma serão balizados pelos próprios valores originais fornecidos pelas estatísticas, o que constituirá a legenda do mapa, que deverá considerar caixas empilhadas não de modo justaposto, mas separadas por um pequeno espaço. Os intervalos dos valores das classes serão colocados ao lado das caixas.

Seja a representação das densidades demográficas dos Estados brasileiros em 2010 com base nos dados da Tab. 2.6.

Com base nos dados dessa tabela, será feita uma apuração da frequência de ocorrência dos valores

Tab. 2.6 Brasil: densidade demográfica segundo as unidades da Federação – 2010

Unidades da Federação	Densidade demográfica (hab./km²)
Acre	4,47
Alagoas	112,33
Amazonas	2,23
Amapá	4,69
Bahia	24,82
Ceará	56,76
Distrito Federal	444,07
Espírito Santo	76,25
Goiás	17,65
Maranhão	19,81
Mato Grosso	3,36
Mato Grosso do Sul	6,86
Minas Gerais	33,41
Pará	6,07
Paraíba	66,70
Paraná	52,40
Pernambuco	89,63
Piauí	12,40
Rio de Janeiro	365,23
Rio Grande do Norte	59,99
Rio Grande do Sul	39,79
Rondônia	6,58
Roraima	2,01
Santa Catarina	65,29
São Paulo	166,25
Sergipe	94,35
Tocantins	4,98

Fonte: IBGE (2010).

dentro de classes de intervalos pequenos; para aquelas densidades, são convenientes intervalos de 5 hab./km² (Tab. 2.7). Com as frequências apuradas, será construído o respectivo histograma (Fig. 2.26).

Da apreciação visual do histograma pode-se vislumbrar a formação de sete grupos, os quais designarão as classes significativas, que serão transcritas por uma ordem visual (Fig. 2.27).

Essa ordem de sete valores visuais será organizada em caixas empilhadas, mas não juntas, correspondendo às classes de densidade demográfica, o que constituirá a legenda do mapa, encabeçada pela unidade dos valores trabalhados, hab./km² (Fig. 2.28).

Definida a legenda, ficará fácil transpor os valores visuais para suas respectivas áreas de ocorrência, compondo-se, dessa maneira, o mapa (Fig. 2.29).

Terminado o mapa, é possível lê-lo, analisá-lo e interpretá-lo. Pelo fato de esse mapa ter adotado o método coroplético, mobilizando a variável visual denominada valor, que constrói a imagem de conjunto, será possível contar com respostas visuais instantâneas à questão em nível de conjunto "onde estão as densidades demográficas

Tab. 2.7 Apuração da frequência de ocorrência dos valores dentro de classes de intervalos pequenos

Classes de intervalo = 5 hab./km²	Frequência	Classes de intervalo = 5 hab./km²	Frequência
0 ⊢ 5	6	60 ⊢ 65	0
5 ⊢ 10	3	65 ⊢ 70	2
10 ⊢ 15	1	70 ⊢ 75	0
15 ⊢ 20	2	75 ⊢ 80	1
20 ⊢ 25	1	80 ⊢ 85	0
25 ⊢ 30	0	85 ⊢ 90	1
30 ⊢ 35	1	90 ⊢ 95	1
35 ⊢ 40	1	110 ⊢ 115	1
40 ⊢ 45	0	165 ⊢ 170	1
45 ⊢ 50	0	365 ⊢ 370	1
50 ⊢ 55	1	440 ⊢ 445	1
55 ⊢ 60	2		

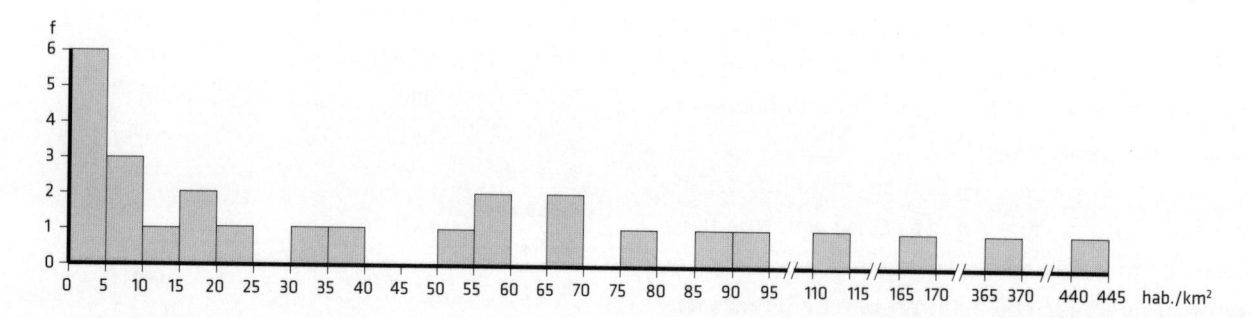

Fig. 2.26 Histograma

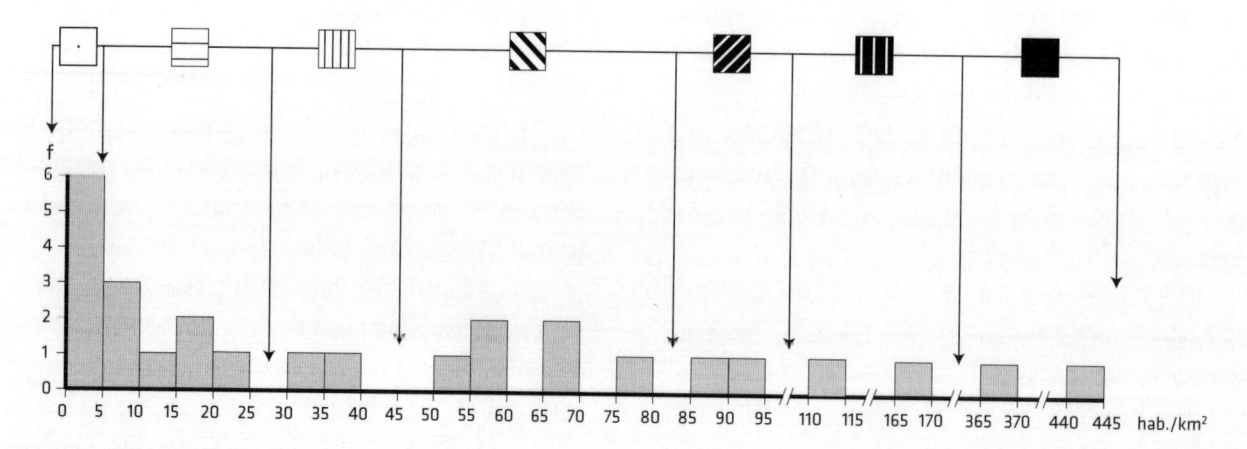

Fig. 2.27 Definição das classes

CAPÍTULO 2 | OS MAPAS

mais elevadas?", ou, em outras palavras, "onde o País é mais povoado?" (Dias, 1991).

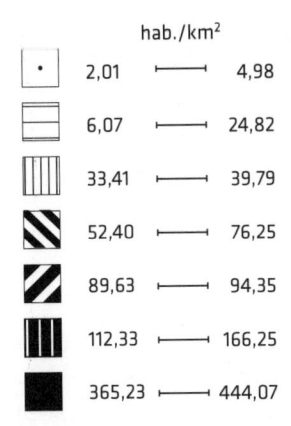

hab./km²
- 2,01 ⊢——⊣ 4,98
- 6,07 ⊢——⊣ 24,82
- 33,41 ⊢——⊣ 39,79
- 52,40 ⊢——⊣ 76,25
- 89,63 ⊢——⊣ 94,35
- 112,33 ⊢——⊣ 166,25
- 365,23 ⊢——⊣ 444,07

Fig. 2.28 Legenda

Em nível de leitura de detalhe, pode-se querer saber qual a densidade demográfica do Estado da Bahia. Essa questão levará o leitor a decodificar a legenda para verificar em que classe de valores se encontra a densidade desse Estado.

A apreciação visual do mapa permite, igualmente, considerar como se distribui a população no território brasileiro em termos relativos: se uniformemente ou se com concentrações aqui e acolá.

Pode-se também apurar se existem oposições entre o Estado mais povoado e o menos povoado e onde essas características do espaço geográfico nacional se encontram. Outra observação importante é relativa à constatação dos agrupamentos e

BRASIL: DENSIDADE DEMOGRÁFICA SEGUNDO AS UNIDADES DA FEDERAÇÃO – 2010

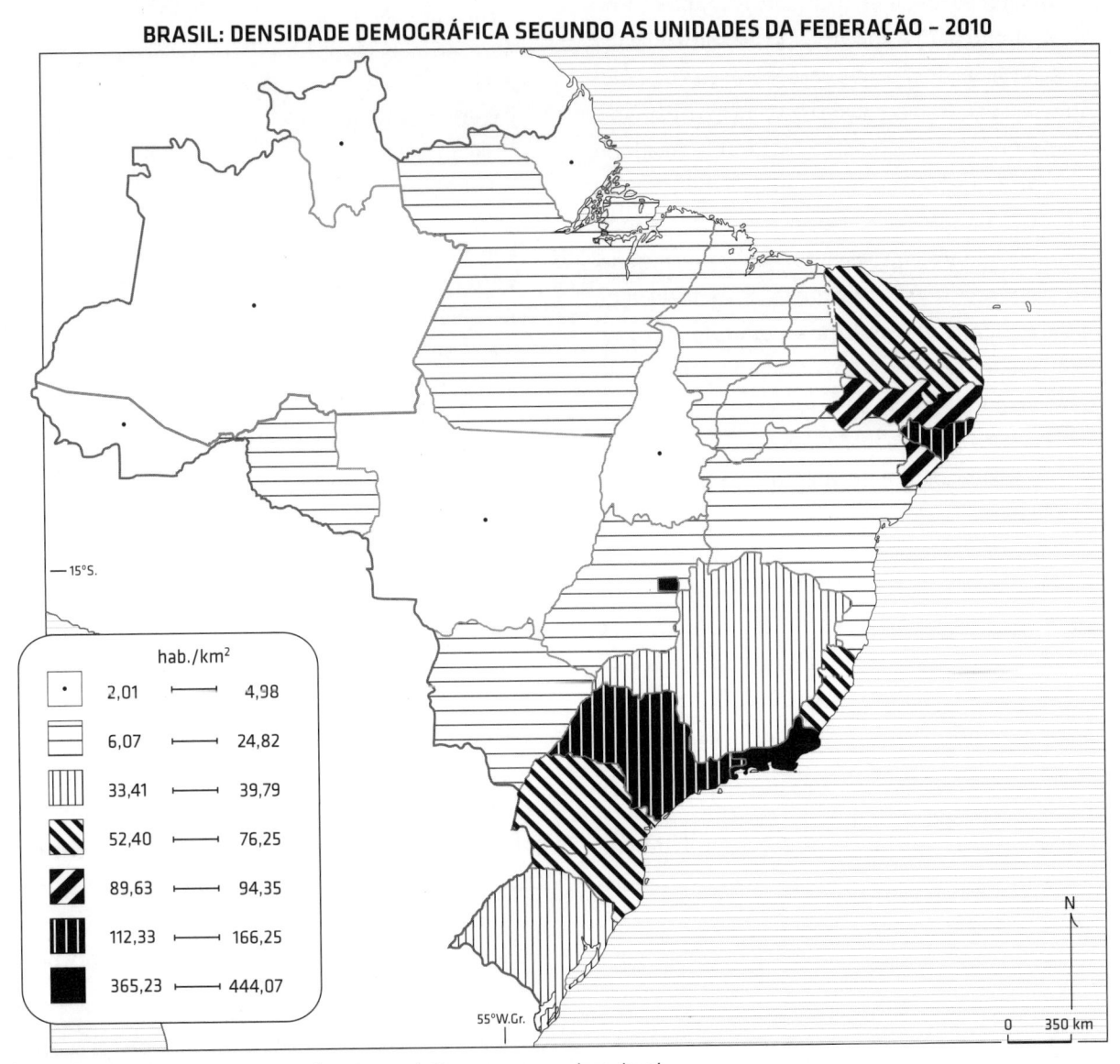

hab./km²
- 2,01 ⊢——⊣ 4,98
- 6,07 ⊢——⊣ 24,82
- 33,41 ⊢——⊣ 39,79
- 52,40 ⊢——⊣ 76,25
- 89,63 ⊢——⊣ 94,35
- 112,33 ⊢——⊣ 166,25
- 365,23 ⊢——⊣ 444,07

Fig. 2.29 Representação em mapa de valores relativos por uma ordem visual
Fonte dos dados: IBGE (2010).

conjuntos espaciais que se formaram: por exemplo, o extremo Nordeste apresenta um grupo de Estados que contrasta com os demais que compõem aquela região brasileira.

Por fim, é indispensável avaliar qual o padrão geral da distribuição demográfica brasileira: é fácil ver que o padrão herdado historicamente ainda persiste, porém com o polo econômico centrado, agora, no Sudeste.

Representações quantitativas de valores absolutos para manifestações em área – método dos pontos de contagem: o mapa da população rural do Brasil

A elaboração dessa modalidade de mapa servirá de pretexto para a aplicação do *método dos pontos de contagem*, ideal para a representação de fenômenos com um padrão de distribuição disperso, como é o caso da população rural. Considera-se um número de pontos iguais – distribuídos adequadamente na área de ocorrência – proporcional à quantidade absoluta a ser representada. Para conseguir essa proporção, basta fazer cada ponto equivaler a um dado valor unitário, como 200 habitantes. Portanto, uma área com quatro pontos congregaria 800 pessoas.

Seja a representação da população rural dos Estados brasileiros em 2010 com base nos dados da Tab. 2.8.

Com base nos dados dessa tabela, tem-se de estipular qual o valor adequado para cada ponto. Sendo o maior valor igual a 3.914.430 habitantes, e o menor, igual a 68.490 habitantes, pode-se considerar um ponto como igual a 40.000 habitantes. Em razão da grande amplitude dos dados, esse valor é conveniente, pois coloca pelo menos um ponto na área onde ocorre o valor mínimo.

Todos os dados da tabela terão de ser divididos pelo valor do ponto estipulado, determinando-se, assim, quantos pontos irão para cada Estado. Dessa divisão poderão resultar quocientes com dígitos após a vírgula da parte inteira. Tomando-se a parte após a vírgula precedida de zero e multiplicando-a pelo valor do ponto, serão forma-

Tab. 2.8 Brasil: população residente rural segundo as unidades da Federação – 2010

Unidades da Federação	População Rural
Acre	201.280
Alagoas	822.634
Amazonas	728.495
Amapá	68.490
Bahia	3.914.430
Ceará	2.105.812
Distrito Federal	87.950
Espírito Santo	583.480
Goiás	583.074
Maranhão	2.427.640
Mato Grosso	552.321
Mato Grosso do Sul	351.786
Minas Gerais	2.882.114
Pará	2.389.492
Paraíba	927.850
Paraná	1.531.834
Pernambuco	1.744.238
Piauí	1.067.401
Rio de Janeiro	525.690
Rio Grande do Norte	703.036
Rio Grande do Sul	1.593.638
Rondônia	413.229
Roraima	105.620
Santa Catarina	1.000.523
São Paulo	1.676.948
Sergipe	547.651
Tocantins	293.339

Fonte: IBGE (2010).

dos resíduos em unidades da variável que está sendo representada, ou seja, habitantes. A melhor maneira de compensar esses resíduos é agrupar os que estão mais próximos entre si até inteirar o valor de um ponto, que será suplementar e lançado na zona limítrofe, junto à área que contribuiu com a maior parte dos resíduos. Esse procedimento será feito reiteradas vezes até sobrar um último resto, que será a perda geral desse cômputo, com a vantagem de nunca exceder o valor do ponto menos um (40.000 – 1).

A Tab. 2.9 apresenta um exemplo elucidativo dos cálculos.

Com essas orientações, passa-se ao processamento dos dados demonstrados numa tabela apropriada (Tab. 2.10).

Após o processamento, os pontos resultantes serão inseridos no mapa, tomando-se o cuidado de colocá-los nas áreas rurais, evitando-se áreas

Tab. 2.9 Cálculos de pontos e restos

Unidade da Federação	População rural (IBGE, 2010)	Pontos inteiros de 40.000 habitantes	Parte após a vírgula com duas casas	Restos em habitantes	Formação de pontos suplementares
A	201.280	5	0,03	1.200	—
B	822.634	20	0,57	22.800	—
C	728.495	18	0,21	8.400	—
D	68.490	1	0,71	28.400	1

Perda total de habitantes: 20.800

Tab. 2.10 Processamento dos dados

Unidades da Federação	População rural (IBGE, 2010)	Pontos inteiros de 40.000 habitantes	Parte após a vírgula com duas casas	Restos em habitantes	Formação de pontos suplementares
Acre	201.280	5	0,03	1.200	—
Alagoas	822.634	20	0,57	22.800	—
Amazonas	728.495	18	0,21	8.400	—
Amapá	68.490	1	0,71	28.400	1
Bahia	3.914.430	97	0,86	34.400	1
Ceará	2.105.812	52	0,65	26.000	1
Distrito Federal	87.950	2	0,20	8.000	—
Espírito Santo	583.480	14	0,59	23.600	1
Goiás	583.074	14	0,58	23.200	—
Maranhão	2.427.640	60	0,69	27.600	1
Mato Grosso	552.321	13	0,81	32.400	1
Mato Grosso do Sul	351.786	8	0,79	31.600	—
Minas Gerais	2.882.114	72	0,05	2.000	—
Pará	2.389.492	59	0,73	29.200	1
Paraíba	927.850	23	0,20	8.000	—
Paraná	1.531.834	38	0,30	12.000	—
Pernambuco	1.744.238	43	0,60	24.000	1
Piauí	1.067.401	26	0,69	27.600	1
Rio de Janeiro	525.690	13	0,14	5.600	—
Rio Grande do Norte	703.036	17	0,58	23.200	—
Rio Grande do Sul	1.593.638	39	0,84	33.600	1
Rondônia	413.229	10	0,33	13.200	1
Roraima	105.620	2	0,64	25.600	—
Santa Catarina	1.000.523	25	0,01	400	—
São Paulo	1.676.948	41	0,92	36.800	1
Sergipe	547.651	13	0,69	27.600	1
Tocantins	293.339	7	0,33	13.200	—

Perda total de habitantes: 29.600

urbanizadas, regiões inundáveis e áreas montanhosas, de grandes florestas, de represas etc., de modo que estejam nos lugares onde realmente há a ocorrência do fenômeno. Um ponto unitário valendo 40.000 habitantes será a legenda do mapa (Fig. 2.30):

1 ponto → 40.000 habitantes

A leitura, análise e interpretação desse mapa levam o leitor a ter imediatamente uma dupla percepção: a das densidades, obtida pela imagem construída por meio do contraste entre o preto (ou qualquer que seja a cor que os pontos tenham) e o fundo branco do mapa; e a das quantidades, constatada por meio da contagem dos pontos, os quais se adicionam visualmente com grande facilidade. Portanto, o mapa oferece resposta aos dois níveis básicos de questões: "onde estão as áreas rurais mais povoadas?" e "qual a população rural de Goiás?". Dessa maneira, a visão de conjunto permite verificar o evidente contraste espacial entre áreas mais densas e áreas mais vazias do campo brasileiro.

É possível também revelar se a distribuição da população rural se organiza em grandes conjuntos ou em pequenos nódulos ou, ainda, se segue certos

BRASIL: POPULAÇÃO RESIDENTE RURAL SEGUNDO AS UNIDADES DA FEDERAÇÃO – 2010

1 ponto → 40.000 habitantes

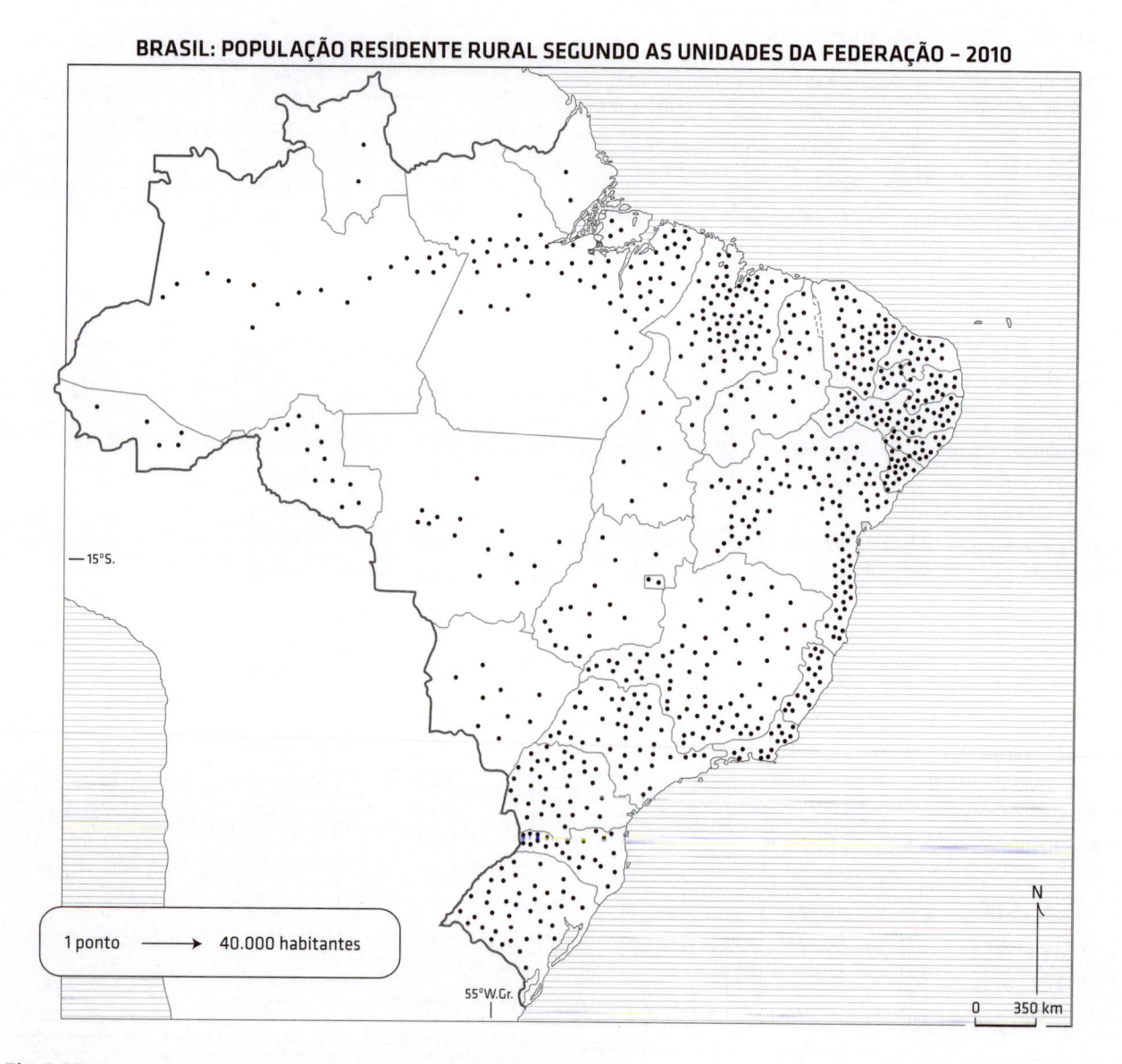

Fig. 2.30 Representação em mapa de fenômeno com padrão de distribuição disperso
Fonte dos dados: IBGE (2010).

eixos preferenciais. Nesse caso, pode-se ver que a planície do rio Amazonas, o vale do São Francisco e os eixos das frentes pioneiras que demandam à Amazônia aparecem evidentes.

Em termos interpretativos, cabe questionar o que justifica certos agrupamentos e vazios de população rural. Seria possível perguntar também quais condicionantes da natureza e da sociedade intervêm na estruturação do padrão espacial vigente.

Representações quantitativas para manifestações em área – método isarítmico: os mapas da pluviosidade e da temperatura do Brasil

Pluviosidade e temperatura ocorrem em continuidade espacial. Para representá-las convenientemente, indica-se o *método isarítmico*, que considera o traçado de linhas de igual valor – as isolinhas – com base nos valores do fenômeno, obtidos em vários lugares ou "postos". As isolinhas são linhas que unem pontos de igual valor da intensidade do fenômeno, tais como as curvas de nível, que unem pontos de mesma altitude do relevo, que se intercalam entre os pontos com valores conhecidos.

É importante esclarecer que, embora a pluviosidade (precipitação pluviométrica) não se apresente com continuidade espacial, torna-se contínua quando contabilizada por totais médios em determinados períodos longos para territórios não situados em zonas terrestres de extrema aridez, como os desertos (quentes ou frios).

O traçado dessas linhas leva em conta uma interpolação, isto é, saber por onde passa a isolinha de valor desejado entre cada par de pontos do mapa (postos meteorológicos) com valores conhecidos. Estima-se visualmente a proporção da distância por onde ela deve passar. Convém subdividir as distâncias gráficas entre os pontos, o que facilitará essa estimativa. Cada linha deverá receber seu respectivo valor, interrompendo-a, para identificá-la na leitura do mapa (Fig. 2.31).

As isolinhas de pluviosidade (das chuvas) chamam-se *isoietas*, e as isolinhas das temperaturas, *isotermas*.

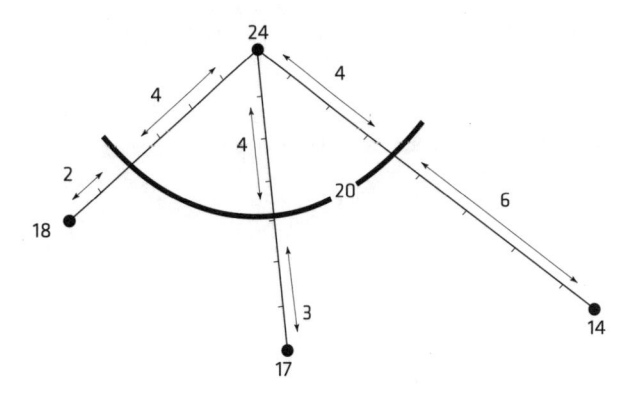

Fig. 2.31 Interpolação de isolinha entre pontos com valores conhecidos

O mapa resultará numa série de linhas, obrigando o usuário a ler todos os seus valores, um por um, para ter a noção da distribuição da pluviosidade ou da temperatura. Para facilitar a visão de conjunto da distribuição do fenômeno, basta preencher os espaços intercalares entre as curvas com cores dispostas em ordem visual, das mais claras até as mais escuras, ou, na impossibilidade de usar cores, com tons de cinza, dos mais claros até os mais escuros. Para estabelecer um contraste entre os dois fenômenos, pode-se adotar uma série ordenada de cores frias, para a chuva, e uma série ordenada de cores quentes, para a temperatura. Caso sejam utilizados tons de cinza, os dois mapas resultarão similares, sendo distinguidos pelos títulos e legendas.

A legenda constitui-se de caixas justapostas, cujos contatos correspondem às isolinhas representadas no mapa. As caixas serão preenchidas com a ordem visual escolhida na sequência dos intervalos dos valores numéricos das isolinhas selecionadas. A legenda deve, ainda, ser encabeçada pela unidade de medida empregada para avaliar o fenômeno: milímetros (mm), para a pluviosidade, e graus Celsius (°C), para a temperatura.

Seja a construção dos mapas da pluviosidade e da temperatura no Brasil com base na Tab. 2.11 (Figs. 2.32 e 2.33, respectivamente).

Os mapas da pluviosidade e da temperatura do ar do Brasil proporcionam leituras, análises e interpretações análogas pelo fato de terem adotado o mesmo método de representação carto-

Tab. 2.11 Brasil: precipitação total e temperatura média – 1992

Postos por unidades da Federação	Precipitação total (mm)	Temperatura média (°C)
AMAZONAS		
Barcelos	2.642,6	26,0
Manaus	2.286,2	26,7
Tefé	2.463,6	26,2
ACRE		
Rio Branco	1.943,2	25,1
RONDÔNIA		
Porto velho	2.353,7	25,2
PARÁ		
Belém	2.893,1	25,9
São Félix do Xingu	2.066,8	25,0
AMAPÁ		
Macapá	2.571,5	26,5
TOCANTINS		
Porto Nacional	1.667,9	26,1
MARANHÃO		
São Luís	2.325,1	26,1
PIAUÍ		
Paulistana	597,3	26,5
Teresina	1.448,5	26,5
CEARÁ		
Fortaleza	1.642,3	26,6
RIO GRANDE DO NORTE		
Ceará-Mirim	1.261,1	25,4
PARAÍBA		
João Pessoa	2.132,1	26,1
PERNAMBUCO		
Cabrobó	517,4	25,8
Recife	2.457,9	25,5
ALAGOAS		
Maceió	2.167,7	25,1
SERGIPE		
Aracaju	1.594,8	26,0
BAHIA		
Barra	661,1	25,5
Bom Jesus da Lapa	830,5	25,3
Canavieiras	1.806,4	24,0
Salvador	2.098,7	25,2
MINAS GERAIS		
Belo Horizonte	1.491,3	21,1
Espinosa	749,8	24,1
Patos de Minas	1.474,4	21,1
ESPÍRITO SANTO		
Vitória	1.275,7	24,2
RIO DE JANEIRO		
Rio de Janeiro	1.172,9	23,7
SÃO PAULO		
Franca	1.623,3	17,9
Campos do Jordão	1.783,0	13,4
São Paulo	1.454,8	19,3
PARANÁ		
Curitiba	1.407,9	16,5
Maringá	1.193,2	16,4
Paranaguá	1.932,2	19,6
SANTA CATARINA		
Florianópolis	1.543,9	20,3
RIO GRANDE DO SUL		
Bagé	1.465,6	17,9
Caxias do Sul	1.915,1	16,3
Porto Alegre	1.347,4	19,5
MATO GROSSO DO SUL		
Corumbá	1.118,2	25,0
Três Lagoas	1.303,9	23,7
MATO GROSSO		
Cuiabá	1.315,1	25,6
DISTRITO FEDERAL		
Brasília	1.552,1	21,2
GOIÁS		
Goiânia	1.575,9	23,2

Fonte: DNM (1992).

gráfica – o método isarítmico –, entre cujas isoietas e isotermas foram colocados valores visuais crescentes conforme cresciam as precipitações e as temperaturas, respectivamente.

Nesse sentido, respondem visualmente às questões em nível de conjunto "onde o Brasil é mais chuvoso?" e "onde o Brasil é mais quente?".

Em nível de leitura elementar, é possível avaliar qual a quantidade de chuva e qual o valor da temperatura na cidade de Franca (SP), por exemplo. Para isso, é preciso localizar essa cidade no mapa e fazer uma interpolação entre os valores inscritos nas isolinhas mais próximas dela.

Na observação em nível de conjunto da distribuição espacial dos dois fenômenos meteorológicos no Brasil, essa representação permite ainda comparar os dois mapas, possibilitando avaliar correlações ou contrastes e verificar a disposição geral dos gradientes, isto é, detectar em que direção e sentido crescem ou decrescem os valores de pluviosidade e de temperatura.

Fig. 2.32 Representação em mapa com isolinhas de pluviosidade (isoietas)
Fonte dos dados: DNM (1992).

Fig. 2.33 Representação em mapa com isolinhas de temperatura (isotermas)
Fonte dos dados: DNM (1992).

No que tange à interpretação, pode interessar averiguar quais fatores condicionam esses padrões de distribuição. É preciso ver onde intervém mais a continentalidade e onde a interferência maior é da participação relativa dos sistemas atmosféricos, tendo em vista a posição geográfica do Brasil no continente americano e no globo.

2.2.6 Métodos para representações dinâmicas

O dinamismo dos fenômenos pode ser apreciado no tempo e no espaço. No tempo, ele se traduz pelas transformações qualitativas de estados que se sucedem no tempo ou pelas variações quantitativas, absolutas ou relativas (acréscimos ou decréscimos) dos fenômenos para um mesmo lugar ou área e em certo período (Steinberg; Husser, 1988; Martinelli, 2013).

No espaço, o dinamismo dos fenômenos se manifesta pelos movimentos que deslocam, mormente, espécies e quantidades ao longo de percursos.

Variações no tempo

As variações no tempo podem ser abordadas em termos qualitativos, como é o caso do registro da sucessão de vários estados de um fenômeno como o avanço da devastação florestal na Amazônia.

Também é possível apreciá-las em termos quantitativos, seja em números absolutos, seja em números relativos, controlando o crescimento, o decréscimo ou a estabilidade da população de um Estado – o Pará, por exemplo.

Para avaliar a variação em números absolutos, é mobilizado o *método das figuras geométricas proporcionais* para expor os valores dos acréscimos e dos decréscimos. Para os acréscimos, os círculos são coloridos com uma única cor quente, e para os decréscimos, as figuras são coloridas com uma única cor fria. A visualização dos tamanhos em cores opostas permitirá um claro entendimento da dinâmica.

Na variação em números relativos, é empregado o *método coroplético*, congregando valores tanto positivos como negativos. Para os valores positivos, aplica-se uma ordem visual entre as cores quentes, e para os negativos, uma ordem visual entre as cores frias. As duas ordens terão de ficar em oposição, a qual se tornará evidente no mapa.

Representações das variações qualitativas no tempo: o mapa da alteração da vegetação do Brasil

Para mostrar as transformações ocorridas na cobertura vegetal do Brasil, será considerada uma sequência de cinco mapas representativos da retração espaçotemporal da vegetação nativa no período entre 1950 e 2000 (Fig. 2.34).

A leitura, análise e interpretação dessa série de mapas são bastante simples. Como se trata do registro de apenas um atributo, cada mapa permite ver, instantaneamente, onde estão as áreas mais conservadas em contraste com as áreas que progressivamente foram sendo transformadas mediante variados usos do território pela sociedade, produzindo um novo espaço geográfico.

Em nível de análise, o arranjo da sequência temporal dos mapas disposta em coluna revela facilmente o padrão do avanço do novo meio geográfico, considerado cada vez mais como um meio técnico, científico e informacional: o mesmo avanço da ocupação efetiva do território ao longo de sua história, de leste para oeste. Nas últimas duas décadas, evidenciaram-se também dois eixos componentes dessa penetração: um rumo ao norte, ao longo da Belém-Brasília, e outro em direção ao noroeste, seguindo o caminho traçado pela rodovia que une Cuiabá (MT) a Porto Velho (RO).

A interpretação fica por conta de averiguar o vínculo desse processo com a política de desenvolvimento socioeconômico adotada no País.

Representações das variações quantitativas no tempo – método das figuras geométricas proporcionais: o mapa da variação absoluta da população rural do Brasil

A variação quantitativa no tempo em valores absolutos enaltece as diferenças algébricas entre os efetivos referentes a duas datas.

A elaboração de sua representação mobiliza o *método das figuras geométricas proporcionais*, mostrando os acréscimos e decréscimos num intervalo de tempo pelos tamanhos dos círculos. A estabilidade, evidentemente, não conta com visualização, e não aparecerá nenhuma figura representativa referente a ela.

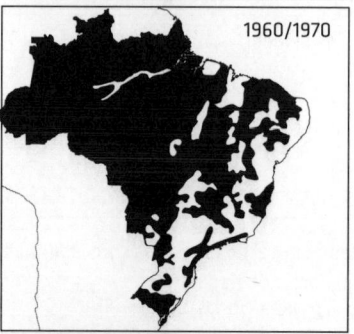

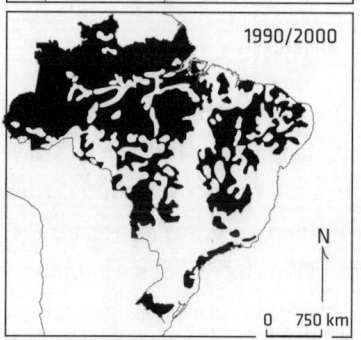

Fig. 2.34 Coleção de mapas
Fonte dos dados: IBGE (2007).

Embora com o inconveniente de não apresentar a grandeza de base sobre a qual houve alteração, a representação da variação absoluta compõe uma imagem clara da magnitude do acréscimo em oposição à do decréscimo. Na falta de cores, o contraste visual pode ser feito pela utilização de cinza escuro em contraposição a cinza claro ou de textura escura *versus* textura clara, cada qual preenchendo seu respectivo círculo.

Seja a variação absoluta da população residente rural dos Estados brasileiros no período entre 2000 e 2010, calculada pela diferença algébrica entre a população rural de 2010 e a de 2000. O resultado dessa diferença será um valor em número de habitantes positivo ou negativo, com o positivo significando acréscimos, e o negativo, decréscimos.

Para tanto, deve-se organizar uma tabela das variações absolutas com uma coluna referente aos saldos positivos ou negativos (Tab. 2.12).

Para a elaboração do mapa baseado nos dados dessa tabela, devem-se seguir as orientações já feitas para a aplicação do método das figuras geométricas proporcionais.

A legenda do mapa terá de apresentar uma parte qualitativa, para discernir acréscimos e decréscimos, e uma parte quantitativa, para a leitura dos

Tab. 2.12   Brasil: população residente rural segundo as unidades da Federação e sua variação absoluta – 2000/2010

Unidades da Federação	População rural (2000)	População rural (2010)	Variação absoluta 2000/2010
Acre	187.541	201.280	13.739
Alagoas	900.515	822.634	−77.881
Amazonas	732.411	728.495	−3.916
Amapá	52.262	68.490	16.228
Bahia	4.305.639	3.914.430	−391.209
Ceará	2.113.661	2.105.812	−7.849
Distrito Federal	88.727	87.950	−777
Espírito Santo	633.707	583.480	−50.227
Goiás	605.799	583.074	−22.725
Maranhão	2.282.804	2.427.640	144.836
Mato Grosso	515.181	552.321	37.140
Mato Grosso do Sul	330.871	351.786	20.915
Minas Gerais	3.211.498	2.882.114	−329.384
Pará	2.072.911	2.389.492	316.581
Paraíba	995.085	927.850	−67.235
Paraná	1.776.121	1.531.834	−244.287
Pernambuco	1.858.850	1.744.238	−114.612
Piauí	1.053.922	1.067.401	13.479
Rio de Janeiro	569.056	525.690	−43.366
Rio Grande do Norte	740.145	703.036	−37.109
Rio Grande do Sul	1.868.806	1.593.638	−275.168
Rondônia	494.744	413.229	−81.515
Roraima	77.420	105.620	28.200
Santa Catarina	1.135.997	1.000.523	−135.474
São Paulo	2.437.385	1.676.948	−760.437
Sergipe	509.093	547.651	65.558
Tocantins	296.863	293.339	−3.524

Fonte: IBGE (2000, 2010).

valores absolutos correspondentes aos tamanhos dos círculos figurados sobre o mapa (Fig. 2.35).

A leitura, análise e interpretação do mapa resultante mostrarão uma regionalização que se compõe mediante o contraste entre os saldos em números absolutos positivos e negativos.

Representações das variações quantitativas no tempo – método coroplético: o mapa da variação relativa da população rural do Brasil

A variação relativa mostra evoluções traduzidas em números relativos, como as taxas de variação. Ela pode expressar um aumento, uma diminuição ou uma estabilidade, e geralmente é dada em porcentagem.

Seja a taxa de variação relativa da população residente rural brasileira no período entre 2000 e 2010, expressa em porcentagem e calculada pela fórmula a seguir:

$$\text{TVR} = \frac{PR_{10} - PR_{00}}{PR_{00}} \cdot 100 \qquad (2.1)$$

Essa taxa significa, para o período entre 2000 e 2010, o quanto aumentou ou o quanto diminuiu

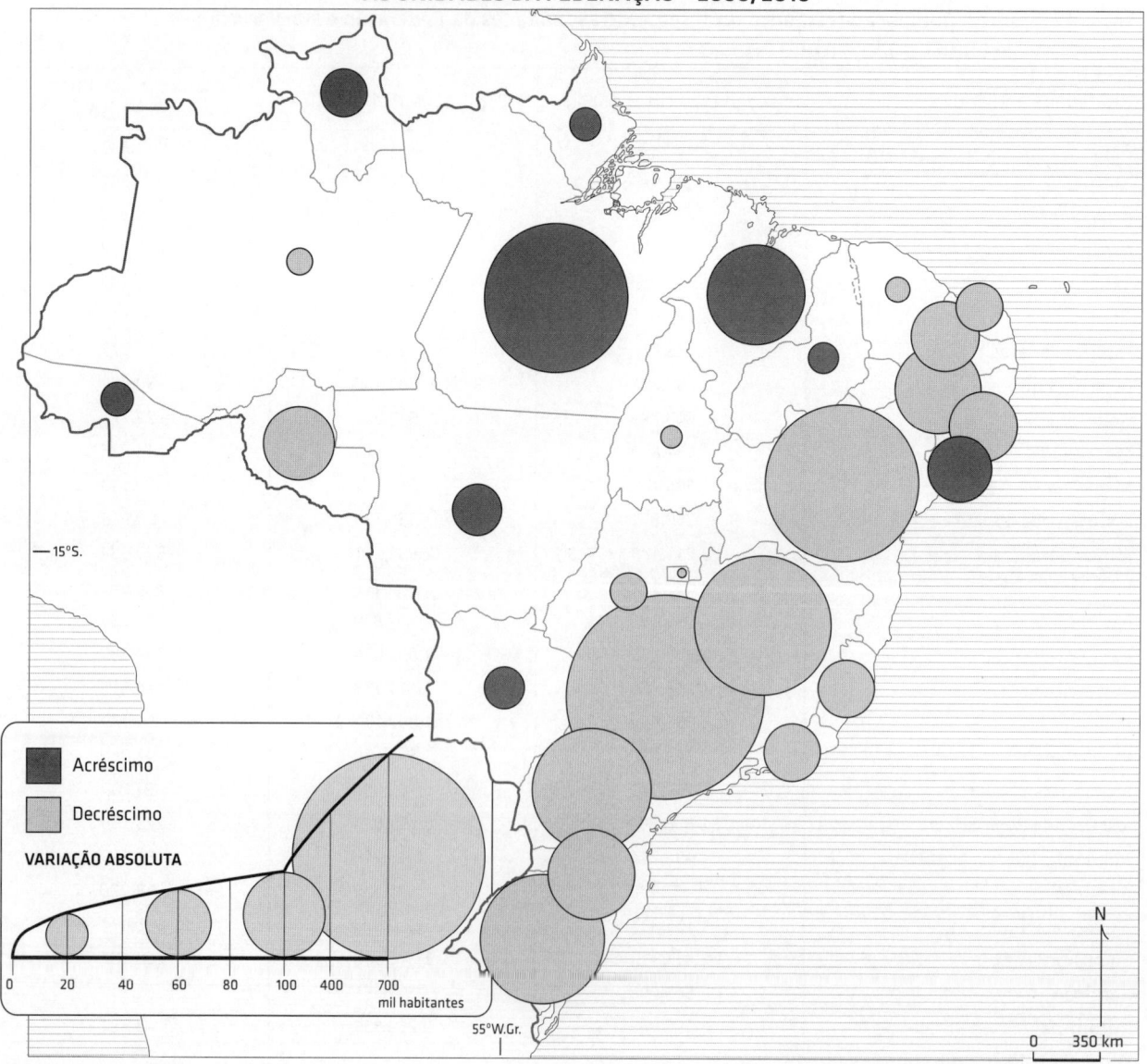

Fig. 2.35 Representação em mapa de acréscimos e decréscimos por tamanhos de círculos com dois valores visuais opostos
Fonte dos dados: IBGE (2000, 2010).

o número de habitantes em cada 100 que havia em 2000. Ela pode, portanto, apresentar valores porcentuais negativos ou positivos (Tab. 2.13).

Para a elaboração do mapa baseado nos dados dessa tabela, emprega-se o *método coroplético*. Entretanto, pelo fato de se contar com valores relativos negativos e positivos, serão também estabelecidos aqui agrupamentos em classes significativas, que serão transcritas por duas ordens visuais opostas: de um lado, as cores frias, das mais escuras até as mais claras, para a sucessão de classes de valores negativos; de outro, as cores quentes, das mais claras até as mais escuras, para a sucessão de classes de valores positivos.

No caso de emprego de texturas, elas também devem ser organizadas por duas ordens visuais opostas: uma de pontos, indo do escuro até o claro, e outra de linhas, indo do claro até o escuro.

Com base na tabela das variações relativas faz-se uma apuração da frequência dos valores dentro de classes com intervalos experimentais pequenos, no caso, de 5%, tanto positivos como negativos (Tab. 2.14).

Tab. 2.13   Brasil: população residente rural segundo as unidades da Federação e sua taxa de variação relativa – 2000/2010

Unidades da Federação	População rural (2000)	População rural (2010)	Variação relativa 2000/2010 (em %)
Acre	187.541	201.280	7,33
Alagoas	900.515	822.634	−8,65
Amazonas	732.411	728.495	−0,53
Amapá	52.262	68.490	31,05
Bahia	4.305.639	3.914.430	−9,09
Ceará	2.113.661	2.105.812	−3,37
Distrito Federal	88.727	87.950	−0,88
Espírito Santo	633.707	583.480	−7,93
Goiás	605.799	583.074	−3,75
Maranhão	2.282.804	2.427.640	6,34
Mato Grosso	515.181	552.321	7,21
Mato Grosso do Sul	330.871	351.786	6,32
Minas Gerais	3.211.498	2.882.114	−10,25
Pará	2.072.911	2.389.492	15,27
Paraíba	995.085	927.850	−6,76
Paraná	1.776.121	1.531.834	−13,75
Pernambuco	1.858.850	1.744.238	−6,17
Piauí	1.053.922	1.067.401	1,28
Rio de Janeiro	569.056	525.690	−7,62
Rio Grande do Norte	740.145	703.036	−5,01
Rio Grande do Sul	1.868.806	1.593.638	−14,72
Rondônia	494.744	413.229	−16,48
Roraima	77.420	105.620	36,42
Santa Catarina	1.135.997	1.000.523	−11,93
São Paulo	2.437.385	1.676.948	−31,20
Sergipe	509.093	547.651	12,88
Tocantins	296.863	293.339	−1,19

Fonte: IBGE (2000, 2010).

Tab. 2.14 Apuração

Classes de intervalo = 5%	Frequência
−35 ⊢ −30	1
−30 ⊢ −25	—
−25 ⊢ −20	—
−20 ⊢ −15	1
−15 ⊢ −10	4
−10 ⊢ −5	7
−5 ⊢ 0	5
0 ⊢ 5	1
5 ⊢ 10	4
10 ⊢ 15	1
15 ⊢ 20	1
20 ⊢ 25	—
25 ⊢ 30	—
30 ⊢ 35	1
35 ⊢ 40	1

Feita essa apuração, constrói-se o respectivo histograma, o qual evidenciará agrupamentos naturais do lado tanto dos valores negativos como dos positivos, sugerindo a definição das classes significativas (Fig. 2.36).

Da apreciação visual do histograma identificam-se sete classes, sendo três negativas e quatro positivas, que passarão a ser transcritas por duas ordens visuais opostas (Fig. 2.37).

Os limites das classes encontradas por meio do histograma serão balizados pelos próprios valores tomados na tabela original, o que constituirá a legenda do mapa (Fig. 2.38). O mapa elaborado com as orientações feitas é apresentado na Fig. 2.39.

A leitura, análise e interpretação desse mapa são praticamente análogas às do mapa da densidade demográfica, pois o método de representação adotado é o mesmo, o método coroplético. A diferença é que no mapa da variação relativa entram em cena contrastes e oposições determinados pela ocorrência de valores positivos e negativos – crescimentos e decréscimos de população rural. Assim, tanto os extremos opostos quanto as situações de relativa estabilidade são instantaneamente vistos sobre o mapa, o que permite questionar as possíveis razões para essa situação.

Será bom controlar também como se distribuem os crescimentos e os decréscimos: se de maneira uniforme ou com concentrações aqui e acolá. Pode-se ainda cotejar a presença de áreas de atração populacional em oposição a áreas de expulsão de população, de modo a detectar certos eixos preferenciais das migrações, verificando quais são suas rotas.

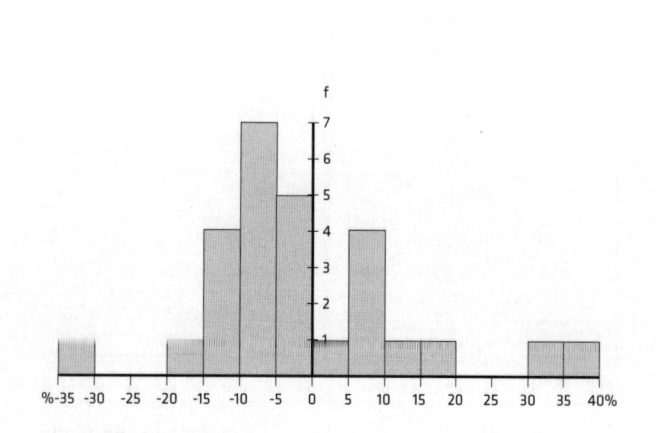

Fig. 2.36 Histograma

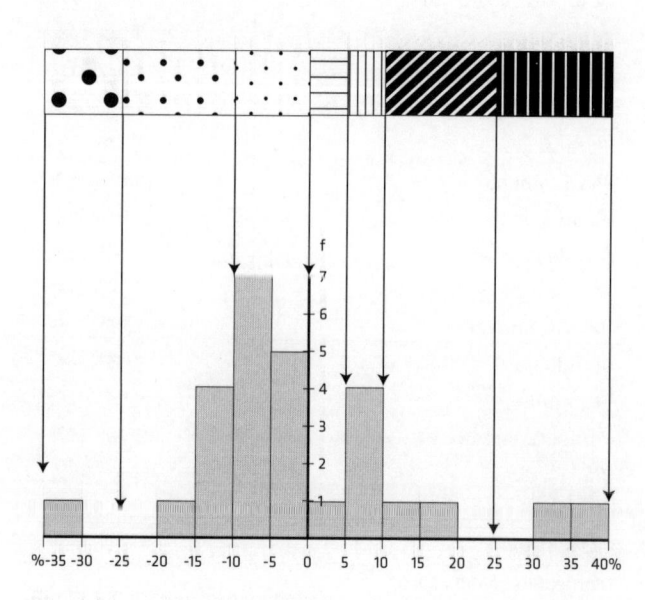

Fig. 2.37 Definição das classes

CAPÍTULO 2 | OS MAPAS   57

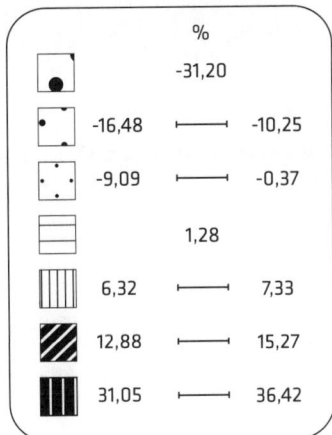

Em nível elementar, a leitura do mapa obriga o leitor a recorrer à legenda para responder a questões como "de quanto foi o decréscimo em Minas Gerais na década analisada?".

Em termos interpretativos, fica patente o processo de esvaziamento da faixa costeira pela população rural, em contraste com um importante inchamento no extremo norte e no sudoeste da Amazônia e no Estado do Pará. Verificam-se acréscimos médios em alguns Estados do Nordeste e no oeste do Centro-Oeste, ao passo que o Sudeste e o Sul ficaram com perdas. Esse processo talvez

Fig. 2.38 Legenda

BRASIL: TAXA DE VARIAÇÃO RELATIVA DA POPULAÇÃO RESIDENTE RURAL SEGUNDO AS UNIDADES DA FEDERAÇÃO – 2000/2010

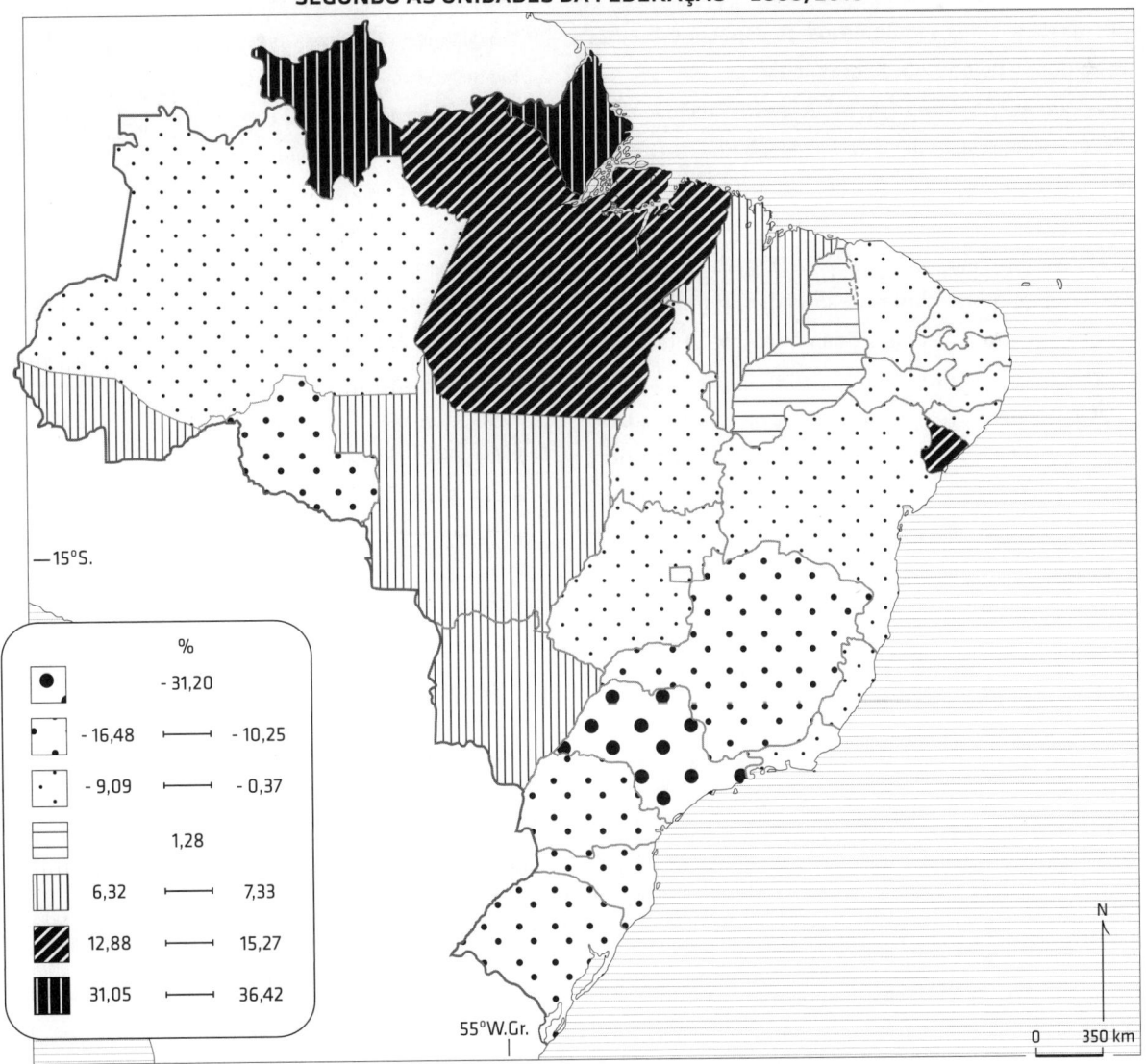

Fig. 2.39 Representação em mapa de valores relativos negativos e positivos
Fonte dos dados: IBGE (2000, 2010).

esteja sendo motivado por determinadas políticas de ocupação do território nacional ou pelo avanço de fronteiras agropecuárias, tendo em vista a exportação de grãos, mas essas suposições necessitariam de uma pesquisa consistente para serem comprovadas de modo seguro.

Movimentos no espaço

Os movimentos no espaço são representados pela articulação de flechas com larguras proporcionais às quantidades deslocadas, seguindo roteiros estipulados. É mobilizada a variável visual *tamanho* em disposição linear, que se traduz pelas espessuras das linhas que formam o corpo das flechas.

Representações dos movimentos no espaço: o mapa da mobilidade da população brasileira

Para fazer esse mapa, será adotado o *método dos fluxos*, que estabelece o emprego da variável visual *tamanho* em arranjo linear, como já foi adiantado.

Para elaborá-lo, são necessários dados, que significam as quantidades deslocadas, e uma base cartográfica com o registro dos pontos de partida e de chegada, bem como dos percursos.

Para tanto, será considerada uma tabela com os fluxos migratórios de um Estado para outro no período entre 1995 e 2005 (Tab. 2.15). Os pontos de partida e de chegada serão os próprios Estados brasileiros, razão pela qual os percursos não serão exatos, apenas ligando os Estados de partida com os de chegada por meio de trajetórias curvas prováveis para um melhor arranjo dos fluxos, em suas variadas espessuras, sobre o mapa.

A quantidade de habitantes que se movimentam é representada pela largura do corpo das flechas, que, ao se articularem no espaço, mostram essa dinâmica. A proporção é assim estabelecida: cada milímetro da largura da flecha representa determinado número de pessoas. Para o caso das migrações internas brasileiras, conhecendo-se o maior e o menor valor, além dos intermediários, verifica-se que será adequada a proporção 1 mm para 70.000 habitantes. Desse modo, em

Tab. 2.15   Brasil: fluxos migratórios – 1995/2005

Origem — Destino	Habitantes
São Paulo — Maranhão	165.700
São Paulo — Piauí	28.500
São Paulo — Ceará	50.000
São Paulo — Paraíba	23.800
São Paulo — Pernambuco	65.100
São Paulo — Bahia	140.800
São Paulo — Minas Gerais	185.600
São Paulo — Goiás	27.200
São Paulo — Mato Grosso do Sul	43.200
São Paulo — Paraná	135.300
São Paulo — Santa Catarina	28.100
São Paulo — Rio de Janeiro	42.000
Rio de Janeiro — Minas Gerais	73.200
Rio de Janeiro — Espírito Santo	25.500
Rio de Janeiro — São Paulo	36.600
Minas Gerais — São Paulo	230.700
Minas Gerais — Espírito Santo	47.800
Minas Gerais — Rio de Janeiro	48.600
Minas Gerais — Distrito Federal	22.300
Minas Gerais — Goiás	37.400
Espírito Santo — Minas Gerais	28.100
Pará — Maranhão	23.100
Pará — Amapá	45.700
Pará — Amazonas	48.800
Pará — Goiás	26.500
Rondônia — Mato Grosso	24.500
Tocantins — Goiás	47.400
Maranhão — Pará	142.200
Maranhão — Tocantins	28.800
Maranhão — Goiás	25.600
Maranhão — Distrito Federal	23.500
Maranhão — Piauí	28.300
Maranhão — São Paulo	42.500
Piauí — Goiás	30.000
Piauí — São Paulo	47.200
Ceará — São Paulo	131.600
Ceará — Rio de Janeiro	30.000
Paraíba — São Paulo	23.600
Paraíba — Rio de Janeiro	30.000

Tab. 2.15 Brasil: fluxos migratórios – 1995/2005 (cont.)

Origem — Destino	Habitantes
Pernambuco — São Paulo	120.100
Pernambuco — Paraíba	23.600
Pernambuco — Bahia	25.500
Pernambuco — Rio de Janeiro	30.000
Alagoas — São Paulo	75.100
Sergipe — São Paulo	22.000
Bahia — São Paulo	230.100
Bahia — Rio de Janeiro	28.500
Bahia — Espírito Santo	48.600
Bahia — Minas Gerais	50.000
Bahia — Goiás	45.300
Bahia — Distrito Federal	30.000
Distrito Federal — Goiás	148.800
Goiás — Distrito Federal	35.600
Goiás — Minas Gerais	33.600
Mato Grosso — Goiás	25.600
Mato Grosso — São Paulo	28.300
Mato Grosso do Sul — Mato Grosso	30.000
Mato Grosso do Sul — São Paulo	50.000
Paraná — São Paulo	143.700
Paraná — Mato Grosso	26.600
Paraná — Santa Catariana	82.200
Paraná — Rio Grande do Sul	28.000
Santa Catrina — Paraná	73.100
Santa Catarina — Rio Grande do Sul	48.600
Rio Grande do Sul — Santa Catarina	63.300
Rio Grande do Sul — Paraná	24.500

Fonte: IBGE (2006) (dados aproximados e arredondados).

razão da amplitude dos dados e da escala do mapa, a largura da flecha será de 3,3 mm, para o maior valor (230.700 hab.), e de 0,3 mm, para o menor (22.000 hab.).

$$1\,\text{mm} \rightarrow 70.000\ \text{habitantes}$$

Estabelecer essa proporção significa aplicar uma regra de três simples:

$$\begin{array}{l} 1\,\text{mm} \rightarrow 70.000 \\ X\,\text{mm} \rightarrow Q\ (\text{da tabela}) \end{array} \therefore X\,\text{mm} = \frac{Q}{70.000}$$

Nesse caso, dividem-se todos os valores da tabela por 70.000 habitantes. O resultado será a largura em milímetros das respectivas flechas (Tab. 2.16).

O passo seguinte consiste em colocar sobre o mapa todas as flechas de forma articulada, de acordo com a origem e o destino dos movimentos. O arranjo entre flechas estreitas e largas demanda certos cuidados para melhor acabamento. Quando há cruzamentos, deve-se deixar a flecha mais estreita completa sobre a mais larga interrompida.

Como os valores dos fluxos que saem dos Estados vão se aglutinando num total único para chegar ao Estado de destino, o resultado final é que

Tab. 2.16 Processamento dos dados

Origem — Destino	Habitantes (Q)	Espessura das flechas (mm)
São Paulo — Maranhão	165.700	2,4
São Paulo — Piauí	28.500	0,4
São Paulo — Ceará	50.000	0,7
São Paulo — Paraíba	23.800	0,3
São Paulo — Pernambuco	65.100	0,9
São Paulo — Bahia	140.800	2,0
São Paulo — Minas Gerais	185.600	2,6
São Paulo — Goiás	27.200	0,4
São Paulo — Mato Grosso do Sul	43.200	0,6
São Paulo — Paraná	135.300	1,9
São Paulo — Santa Catarina	28.100	0,4
São Paulo — Rio de Janeiro	42.000	0,6
Rio de Janeiro — Minas Gerais	73.200	1,0
Rio de Janeiro — Espírito Santo	25.500	0,4
Rio de Janeiro — São Paulo	36.600	0,5
Minas Gerais — São Paulo	230.700	3,3
Minas Gerais — Espírito Santo	47.800	0,7
Minas Gerais — Rio de Janeiro	48.600	0,7
Minas Gerais — Distrito Federal	22.300	0,3
Minas Gerais — Goiás	37.400	0,5
Espírito Santo — Minas Gerais	28.100	0,4
Pará — Maranhão	23.100	0,3
Pará — Amapá	45.700	0,6
Pará — Amazonas	48.800	0,7
Pará — Goiás	26.500	0,4
Rondônia — Mato Grosso	24.500	0,3

Tab. 2.16   Processamento dos dados (cont.)

Origem — Destino	Habitantes (Q)	Espessura das flechas (mm)
Tocantins — Goiás	47.400	0,7
Maranhão — Pará	142.200	2,0
Maranhão — Tocantins	28.800	0,4
Maranhão — Goiás	25.600	0,4
Maranhão — Distrito Federal	23.500	0,3
Maranhão — Piauí	28.300	0,4
Maranhão — São Paulo	42.500	0,6
Piauí — Goiás	30.000	0,4
Piauí — São Paulo	47.200	0,7
Ceará — São Paulo	131.600	1,9
Ceará — Rio de Janeiro	30.000	0,4
Paraíba — São Paulo	23.600	0,3
Paraíba — Rio de Janeiro	30.000	0,4
Pernambuco — São Paulo	120.100	1,7
Pernambuco — Paraíba	23.600	0,3
Pernambuco — Bahia	25.500	0,4
Pernambuco — Rio de Janeiro	30.000	0,4
Alagoas — São Paulo	75.100	1,1
Sergipe — São Paulo	22.000	0,3
Bahia — São Paulo	230.100	3,3
Bahia — Rio de Janeiro	28.500	0,4
Bahia — Espírito Santo	48.600	0,7
Bahia — Minas Gerais	50.000	0,7
Bahia — Goiás	45.300	0,6
Bahia — Distrito Federal	30.000	0,4
Distrito Federal — Goiás	148.800	2,1
Goiás — Distrito Federal	35.600	0,5
Goiás — Minas Gerais	33.600	0,5
Mato Grosso — Goiás	25.600	0,4
Mato Grosso — São Paulo	28.300	0,4
Mato Grosso do Sul — MT	30.000	0,4
Mato Grosso do Sul — São Paulo	50.000	0,7
Paraná — São Paulo	143.700	2,0
Paraná — Mato Grosso	26.600	0,4
Paraná — Santa Catarina	82.200	1,2
Paraná — Rio Grande do Sul	28.000	0,4
Santa Catrina — Paraná	73.100	1,0
Santa Catarina — RS	48.600	0,7
Rio Grande do Sul — SC	63.300	0,9
Rio Grande do Sul — Paraná	24.500	0,3

Fonte: IBGE (2006) (dados aproximados e arredondados).

as espessuras das flechas nos pontos de chegada serão bem maiores que as das flechas consideradas isoladamente. Por causa disso, a legenda do mapa terá que contemplar espessuras desde os menores valores até o maior resultante da maior soma entre as flechas.

Assim, alguns dos valores mais representativos de todas as espessuras das flechas em seus pontos de partida e de chegada, em números redondos, serão colocados em correspondência com as respectivas espessuras de flechas, o que constituirá a legenda do mapa. Não se deve esquecer de indicar a unidade de medida ou contagem, bem como, obrigatoriamente, o período de tempo a que corresponde o movimento. Na legenda desse mapa, a indicação será "mil habitantes no período 1995/2005", e o título a encabeçar a legenda, "intensidade do fluxo" (Fig. 2.40).

Terminado o mapa de fluxos, pode-se formular questões em dois níveis. Em nível de leitura elementar, pode interessar a intensidade do fluxo em determinado percurso. Para chegar à resposta, seria necessário tomar a largura da flecha nesse trecho e levá-la à legenda para "ler" o valor correspondente assinalado no eixo das abscissas. Em nível de leitura de conjunto, pode ser oportuno saber onde estão os maiores e os menores fluxos. Para isso, bastaria "ver", pois se tornariam evidentes imediatamente.

Assim, pode-se controlar se há grande homogeneidade ou se, ao contrário, destacam-se contrastes fortes.

Será cabível também averiguar o arranjo da rede de interligações: se há um único sistema ou vários independentes, separados por possíveis barreiras físicas, políticas, econômicas e ideológicas, entre outras.

Em nível de análise e interpretação, esse mapa pode levantar questões sobre quais atrativos estariam presentes em certos Estados e quais os motivos de repulsão que caracterizariam outros.

É possível, além disso, ter uma ideia de quais seriam as áreas com perdas ou ganhos de popu-

BRASIL: FLUXOS MIGRATÓRIOS – 1995/2005

INTENSIDADE DO FLUXO

0 100 200 300 400 500 600 700
Mil habitantes no período – 1995/2005

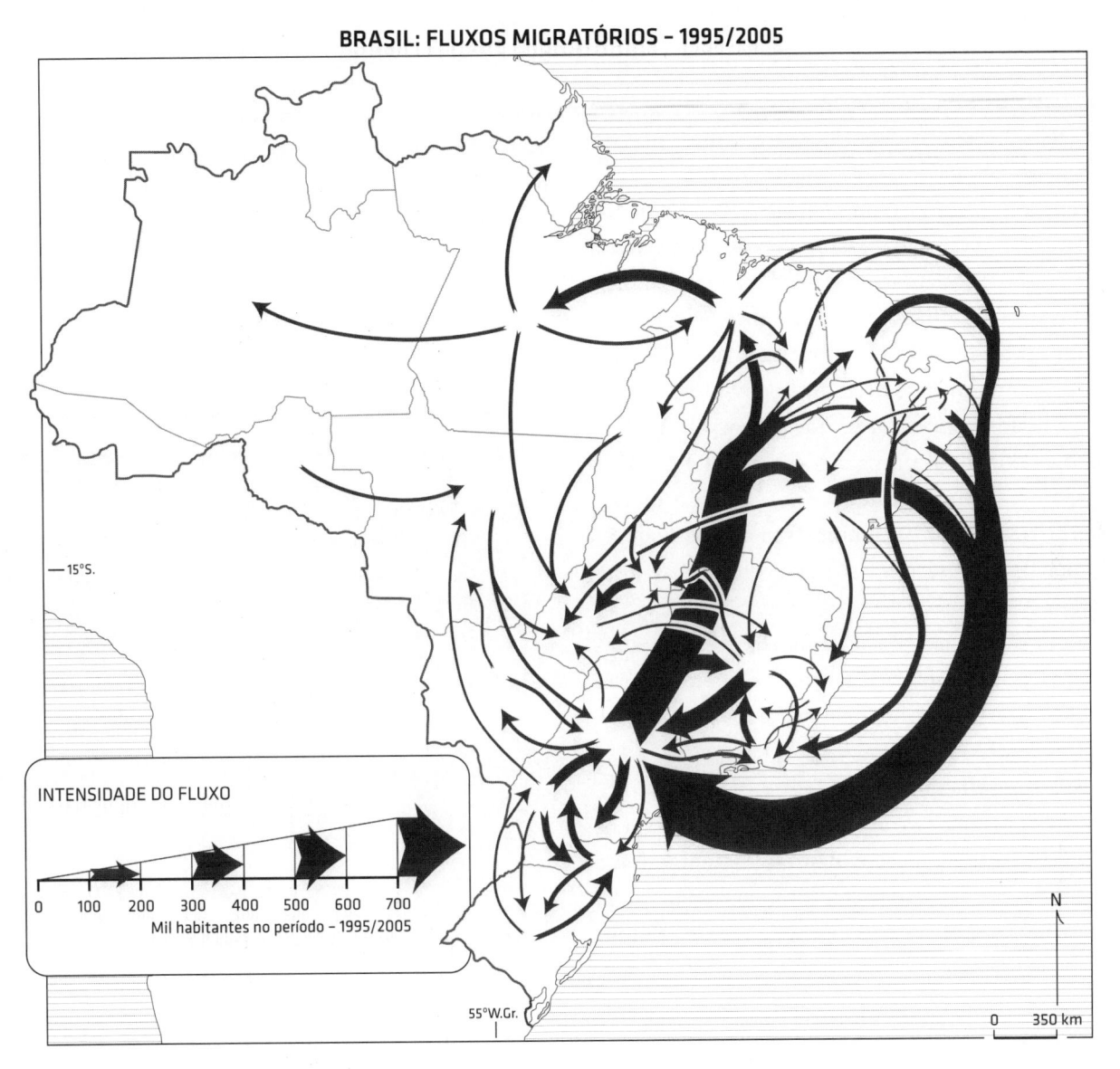

Fig. 2.40 Representação em mapa de movimentos por flechas de espessuras proporcionais
Fonte dos dados: IBGE (2006) (dados aproximados e arredondados).

lação no período entre 1995 e 2005 em que o componente das migrações teria pesado mais.

Outrossim, o mapa deixa claro que a maioria dos fluxos, bem como os de maior intensidade, dirige-se para São Paulo. Pode-se também verificar que aparecem importantes fluxos em demanda aos Estados das grandes regiões Norte e Centro-Oeste, e que há uma saída de grande contingente populacional de São Paulo em demanda aos Estados do Nordeste, como que demonstrando uma volta às terras de origem. Trata-se, no entanto, de suposições, que teriam de ser verificadas com pesquisas específicas.

2.2.7 A cartografia de análise e a cartografia de síntese

Para entender claramente os dois níveis de raciocínio possíveis de serem trabalhados na Cartografia Temática, o de análise e o de síntese, convém esclarecer antes o que eles vêm a ser e como ocorre a passagem do nível analítico para o de síntese. Será tomado de empréstimo o trabalho experimental feito por Gimeno (1980), que dirigiu e acompanhou os passos que crianças do Ensino Fundamental deram para representar, num quadro, as relações entre um conjunto de animais e suas características, mostrando, assim, como se passa do raciocínio de análise para o de síntese.

Em um primeiro momento, essas relações foram dispostas num quadro de dupla entrada, tido como uma matriz gráfica ordenável, que permite reorganizar entre si tanto as colunas como as linhas similares, reiteradas vezes, até se verificar a formação de agrupamentos. Assim, de 42 dados elementares, que são as correspondências entre os animais e suas características vistas em nível de análise, passou-se a contar com três grupos de animais assinalados por três grupos de características, o que constitui a síntese (Fig. 2.41).

Para deixar clara a diferença entre os mapas de análise e de síntese, eles serão elaborados com base nos mesmos dados, apresentados na Tab. 2.17.

A cartografia de análise

Todos os mapas tratados até aqui foram analíticos. Os temas foram abordados atentando-se para seus elementos constitutivos. Cada lugar, caminho ou área foi caracterizado por atributos ou variáveis.

O mapa de análise

Para a elaboração do mapa de análise (Fig. 2.42), será empregado o já conhecido *método das figuras geométricas proporcionais*, dividindo-se as figuras (nesse mapa, os círculos) para mostrar a estrutura, composição de partes dentro do todo, tal como foi feito para representar as populações urbana e rural incluídas na população total do Brasil. As figuras terão *tamanho* proporcional à área total dos estabelecimentos agropecuários em hectares e serão divididas em três setores para representar as parcelas referentes às áreas de lavoura, pastagem e mata.

Os raios dos círculos serão calculados com base nos totais estaduais fornecidos pela Tab. 2.17.

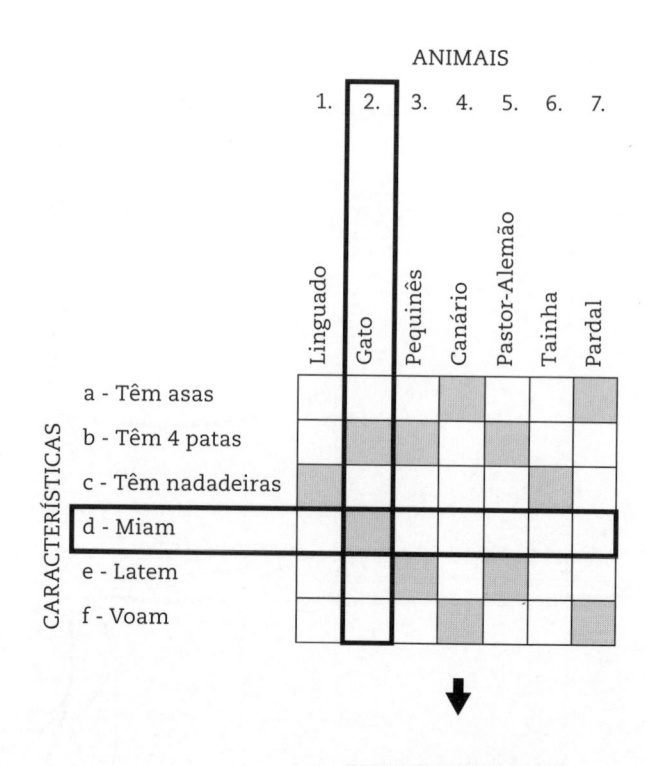

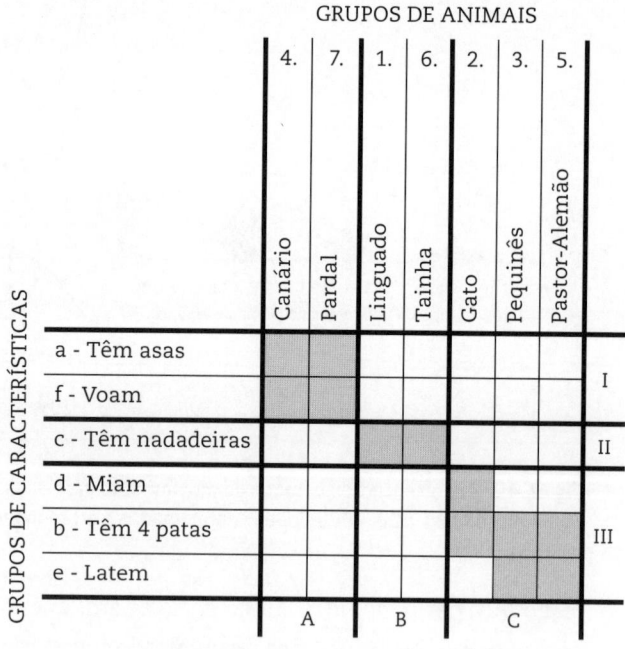

Fig. 2.41 Da análise à síntese
Fonte: Gimeno (1980).

Em função dos dados, depois de extraídas suas raízes quadradas, dividem-se todos os resultados por K = 380. Esse valor convém, pois resultará em um raio de 16,3 mm para o círculo de Mato Grosso, o maior, e em um raio de 2,1 mm para o círculo do

Tab. 2.17 Brasil: utilização das terras dos estabelecimentos agropecuários segundo as unidades da Federação – 2006

Unidades da Federação	Área total	Lavouras		Pastagens		Matas	
	ha	ha	%	ha	%	ha	%
Acre	3.780.374	177.732	4,70	1.032.431	27,30	2.526.551	66,80
Alagoas	2.077.671	980.373	47,10	873.822	42,20	223.476	10,70
Amazonas	7.583.508	2.377.048	31,30	1.836.535	24,20	3.252.665	42,90
Amapá	1.316.774	83.894	6,40	432.035	32,80	800.845	60,80
Bahia	27.650.775	6.009.242	21,70	12.901.698	46,70	9.301.335	33,60
Ceará	8.024.066	2.171.908	27,10	2.925.332	36,40	2.926.826	36,50
Distrito Federal	365.656	192.004	52,50	81.756	23,30	91.896	25,30
Espírito Santo	2.780.274	936.364	33,30	1.316.403	47,30	475.096	17,10
Goiás	24.983.002	3.590.579	14,40	15.524.699	62,10	5.293.876	21,00
Maranhão	14.984.830	4.077.548	27,20	6.162.692	41,10	4.641.773	31,00
Mato Grosso	47.433.706	6.865.763	14,50	22.809.021	48,10	17.758.922	37,40
Mato Grosso do Sul	25.590.099	2.217.628	8,70	18.421.427	72,00	4.951.044	19,30
Minas Gerais	35.669.795	6.911.206	19,40	20.555.061	57,60	8.805.707	24,70
Pará	26.851.856	3.214.331	12,00	13.167.856	49,00	10.469.669	39,00
Paraíba	3.870.535	704.690	18,20	1.997.909	51,60	1.167.936	30,20
Paraná	17.568.089	8.090.963	46,00	5.735.095	32,60	3.172.889	18,10
Pernambuco	8.562.501	4.608.852	53,80	2.506.730	29,30	1.448.919	16,90
Piauí	8.840.983	1.642.417	18,60	2.783.101	31,50	4.415.465	50,00
Rio de Janeiro	2.629.365	604.005	23,00	1.605.959	61,10	362.531	13,80
Rio Grande do Norte	3.596.974	1.114.171	31,00	1.333.585	37,10	1.149.218	32,00
Rio Grande do Sul	19.707.572	7.238.843	41,00	8.955.229	45,40	2.676.805	13,60
Rondônia	8.778.408	513.464	5,80	5.064.261	57,70	3.205.226	36,50
Roraima	1.812.519	228.444	12,60	806.559	44,50	777.516	42,90
Santa Catarina	8.609.008	2.983.825	34,60	3.455.248	40,10	2.169.935	25,20
São Paulo	18.370.044	7.454.683	40,60	8.594.106	46,80	2.321.255	12,60
Sergipe	2.372.736	905.474	38,20	1.163.668	49,00	303.594	12,80
Tocantins	16.825.737	811.874	4,80	10.290.856	61,20	5.250.649	31,20

Fonte: IBGE (2006).

Distrito Federal, o menor, o que permitirá acomodar facilmente todos os círculos sobre o mapa, sem grandes congestionamentos. Posteriormente, os círculos serão divididos em três setores, correspondentes às porcentagens das formas de utilização das terras, constituindo-se, portanto, como estruturas em três componentes.

Para legendar as áreas totais, será organizado um gráfico em que serão feitas as leituras quantitativas dos círculos, tal como apresentado para o mapa da população das capitais brasileiras. Encabeçando o gráfico estará a designação "área total dos estabelecimentos agropecuários", e a unidade dos valores será denominada hectare (ha).

A legenda deverá ainda ser complementada pela parte qualitativa, designando as três formas de utilização das terras por cores, texturas ou tons de cinza, diferenciados ou ordenados de acordo com a opção considerada na abordagem do tema e dispostos em três caixas em coluna, separadas, com os respectivos significados.

A leitura, análise e interpretação desse mapa analítico são idênticas às empreendidas no mapa da população total, urbana e rural, com a diferença

BRASIL: UTILIZAÇÃO DAS TERRAS DOS ESTABELECIMENTOS AGROPECUÁRIOS SEGUNDO AS UNIDADES DA FEDERAÇÃO – 2006

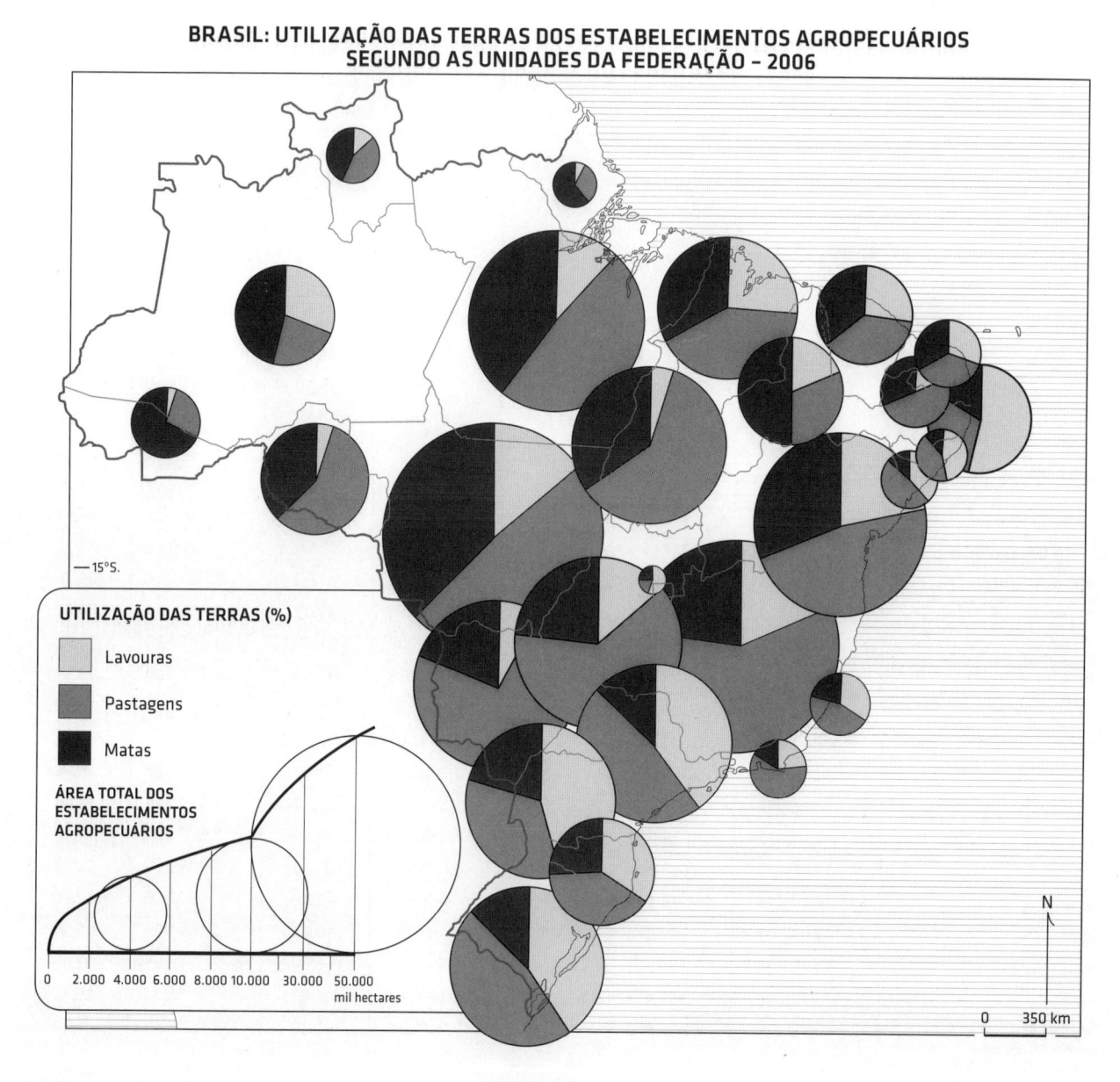

Fig. 2.42 Representação em mapa por círculos proporcionais divididos
Fonte dos dados: IBGE (2006).

de que nesse havia dois componentes do total, enquanto no atual conta-se com três, correspondentes às formas de utilização das terras dos estabelecimentos agropecuários.

Esse mapa está no formato exaustivo, analítico, em que são colocados todos os atributos ou variáveis. Ele permitirá apenas uma leitura em nível elementar: com o auxílio da legenda, pode-se conhecer e avaliar, uma a uma, a composição da estrutura de utilização das terras em cada Estado brasileiro.

Responder a questões em nível de conjunto, como "onde predominam as lavouras?", só será possível após todos os círculos terem sido decifrados, confrontando-se os respectivos setores decodificados mediante a leitura da legenda.

Na análise e interpretação, seriam buscadas explicações para o padrão espacial exibido, controlando-se, para tanto, fatores naturais, sociais, econômicos, políticos, históricos etc. Uma pesquisa apurada seria necessária.

A cartografia de síntese

Na cartografia de síntese, os mapas não trazem elementos em superposição ou justaposição, mas fundidos em "tipos", o que significa que deverão mostrar agrupamentos de lugares, caminhos ou áreas caracterizados por agrupamentos de atributos ou variáveis (Claval; Wieber, 1969; Cole, 1972; Béguin, 1981; Bertin; Gimeno, 1982; Gerardi; Silva, 1981; Bonin, 1982, 1991; Cauvin, 2008; Martinelli, 2013). Essa cartografia pode contemplar uma apreciação tanto estática como dinâmica da realidade.

O mapa de síntese: apreciação estática

O mapa de síntese em apreciação estática será feito para mostrar como o espaço brasileiro pode ser classificado em "tipos" de estruturas de utilização das terras dos estabelecimentos agropecuários.

Para tanto, será necessário fazer um prévio tratamento dos dados. Como a estrutura é ternária, ou seja, formada por três componentes, pode-se empregar o *gráfico triangular*, que permite sintetizar, em uma única notação (um ponto no interior do triângulo), uma estrutura ternária específica (nesse caso, constituída por lavouras, pastagens e matas).

Esse gráfico será feito com base nos dados porcentuais da Tab. 2.17. Cada ponto no interior do triângulo significará a correspondência entre os três componentes, isto é, a estrutura de utilização das terras dos estabelecimentos agropecuários em cada Estado brasileiro, que deverá ser identificado pela respectiva sigla (Fig. 2.43).

Pronto o gráfico, deve-se analisar o arranjo exibido pela nuvem de pontos resultantes. As áreas, que representam os Estados brasileiros, podem ser agrupadas em tipos, os quais são definidos pela posição que ocupam no triângulo. Nesse caso, verifica-se a formação de seis agrupamentos, que constituem os agregados que serão transpostos para o mapa (Fig. 2.44).

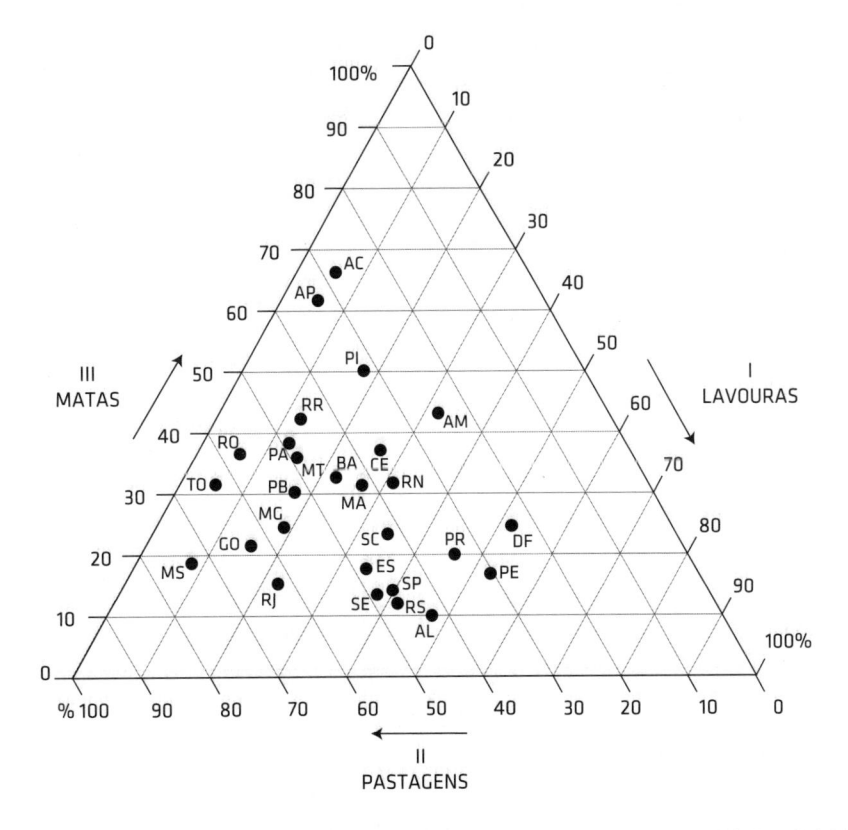

Fig. 2.43 Gráfico – Brasil: utilização das terras dos estabelecimentos agropecuários segundo as unidades da Federação – 2006
Fonte dos dados: IBGE (2006).

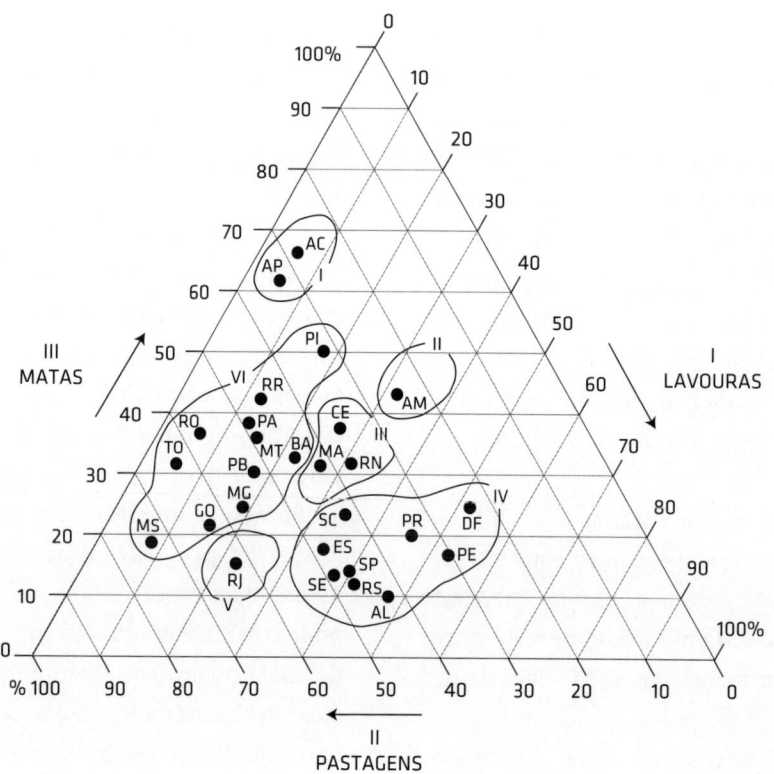

Fig. 2.44 Agrupamento
Fonte dos dados: IBGE (2006).

A representação desses agregados será feita por meio de uma variação visual seletiva ou ordenada, com cores ou texturas, de acordo com o aspecto da realidade que se queira realçar. Eles serão designados por epítetos específicos e concisos, que comporão a respectiva legenda. A realidade, nesse caso, é vista como feita de agrupamentos de áreas caracterizadas por agrupamentos de variáveis (Fillacier, 1986).

A legenda pode evidenciar uma ordem de tipos que vai do predomínio de mata até a pastagem média a importante, por meio de uma ordem de texturas que vai das mais escuras até as mais claras:

TIPO I – Muito pouca lavoura; pouca pastagem; predomínio de mata.

TIPO II – Pouca lavoura; pouca pastagem; importante mata.

TIPO III – Estrutura equilibrada entre lavoura, pastagem e mata.

TIPO IV – Média a importante lavoura; pouca a média pastagem; pouca mata.

TIPO V – Pouca lavoura; importante pastagem; pouca mata.

TIPO VI – Muito pouca a pouca lavoura; média a importante pastagem; pouca a média mata.

Passa-se então à elaboração do mapa (Fig. 2.45).

A leitura, análise e interpretação do mapa de síntese encaminham o leitor mais para a formulação de questões em nível de conjunto, pois esse mapa tem o propósito de mostrar aspectos globais, integrados. Assim, num primeiro momento interessará saber quais agrupamentos foram formados, isto é, conhecer os conjuntos espaciais típicos que os atributos ou variáveis construíram, saber se tais conjuntos são contínuos ou descontínuos no espaço e, ainda, constatar onde eles se encontram e em que arranjos espaciais se exibem.

A inspeção visual do mapa mostra três Brasis: um Brasil agrícola no sul, um Brasil pastoril no leste e no centro e um Brasil florestal no extremo

BRASIL: TIPOS DE ESTRUTURAS DE UTILIZAÇÃO DAS TERRAS – 2006

TIPO I — Muito pouca lavoura; pouca pastagem; predomínio de mata.
TIPO II — Pouca lavoura; pouca pastagem; importante mata.
TIPO III — Estrutura equilibrada entre lavoura, pastagem e mata.
TIPO IV — Média a importante lavoura; pouca a média pastagem; pouca mata.
TIPO V — Pouca lavoura; importante pastagem; pouca mata.
TIPO VI — Muito pouca a pouca lavoura; média a importante pastagem; pouca a média mata.

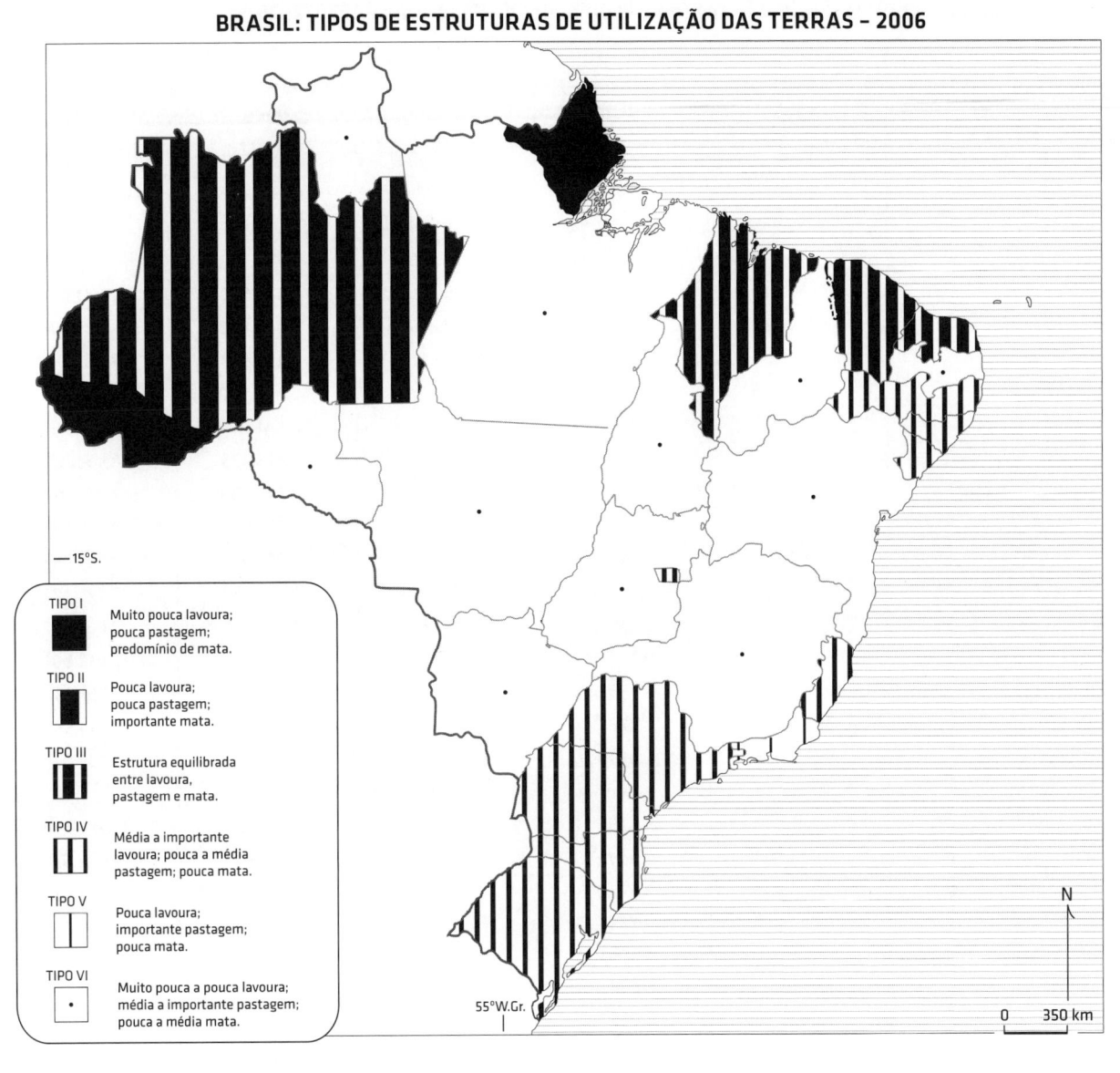

Fig. 2.45 Representação em mapa de tipologia ordenada
Fonte dos dados: IBGE (2006).

noroeste, dispostos, *grosso modo*, numa sequência que vai da costa ao interior amazônico.

O mapa de síntese: apreciação dinâmica

O mapa de síntese em apreciação dinâmica abordará o caso de se estar diante de uma realidade com ritmos de evolução distintos para cada agregado de áreas. Seja a representação dos tipos de ritmo de crescimento da população do Brasil no período entre 1970 e 2010 com base nos dados da Tab. 2.18.

Com os dados da tabela, procede-se a uma análise por meio da construção das linhas evolutivas de cada unidade observada (nesse caso, de cada Estado brasileiro) ao longo do período considerado, organizadas sequencialmente em dois gráficos, em escala mono-log. Com essa elaboração, tem-se visualmente, em cada intervalo do período, o impacto dos ritmos de crescimento de cada unidade observada, os quais são fornecidos pelas inclinações das linhas evolutivas correspondentes.

Tab. 2.18   Brasil: população residente segundo as unidades da Federação – 1970/2010

Unidades da Federação	População residente				
	1970	1980	1990*	2000	2010
Rondônia	111.064	491.069	1.132.692	1.377.792	1.562.409
Acre	215.299	301.303	417.718	557.226	733.559
Amazonas	955.235	1.430.089	2.301.243	2.813.085	3.483.985
Roraima	40.885	79.159	217.583	324.152	450.479
Pará	21.674.018	3.403.391	4.950.060	6.189.550	7.581.051
Amapá	114.359	175.257	289.397	475.843	669.526
Tocantins	-	-	919.863	1.155.913	1.383.445
Maranhão	2.992.686	3.996.404	4.930.253	5.642.960	6.574.789
Piauí	1.680.573	2.139.021	2.582.137	2.841.202	3.118.360
Ceará	4.361.603	5.288.253	6.366.647	7.418.476	8.452.381
Rio Grande do Norte	1.550.244	1.898.172	2.415.567	2.771.538	3.168.027
Paraíba	2.382.617	2.770.176	3.201.114	3.439.344	3.766.528
Pernambuco	5.160.640	6.141.993	7.127.855	7.911.937	8.796.448
Alagoas	1.588.109	1.982.591	2.514.100	2.819.172	3.120.494
Sergipe	900.744	1.140.121	1.491.876	1.781.714	2.068.017
Bahia	7.493.470	9.454.346	11.867.991	13.066.910	14.016.906
Minas Gerais	11.487.415	13.378.553	15.743.152	17.866.402	19.597.330
Espírito Santo	1.599.333	2.023.340	2.600.618	3.094.390	3.514.952
Rio de Janeiro	4.742.884	11.291.520	12.807.706	14.367.083	15.989.929
Guanabara	4.251.916	-	-	-	-
São Paulo	17.771.948	25.040.712	31.588.925	36.969.476	41.262.199
Paraná	6.929.868	7.629.392	8.448.713	9.558.454	10.444.526
Santa Catarina	2.901.734	3.627.933	4.541.994	5.349.580	6.248.436
Rio Grande do Sul	6.664.891	7.773.837	9.138.670	10.181.749	10.693.929
Mato Grosso do Sul	-	1.389.567	1.780.373	2.074.877	2.449.024
Mato Grosso	1.597.090	1.138.691	2.027.231	2.502.260	3.035.122
Goiás	2.938.677	3.859.602	4.018.903	4.996.439	6.003.788
Distrito Federal	537.492	1.176.935	1.601.094	2.043.169	2.570.160

Fonte: IBGE (1971, 1981, 1993, 2000, 2010). * Dados do Censo 1991.

Numa segunda etapa, classificam-se as linhas evolutivas, aproximando aquelas que mais se assemelham para formar grupos de unidades com ritmos de evolução similares. Cada grupo constituirá um tipo, que será caracterizado, na legenda, por um signo, cor ou textura e por um epíteto conciso (Fillacier, 1986) (Fig. 2.46).

Cada tipo será lançado no mapa com o signo registrado na legenda, com caixas empilhadas, separadas, o que expressará a síntese (Fig. 2.47).

A leitura, análise e interpretação do mapa de síntese em apreciação dinâmica levam o usuário a formular questões em nível de conjunto: "onde é mais pronunciado o tipo I de ritmo de crescimento da população?" e "como se caracteriza o território nacional quanto aos tipos de ritmo de crescimento da população?".

A visualização da representação em seu conjunto permite enquadrar o Brasil num mosaico de contrastes bem definidos.

CAPÍTULO 2 | OS MAPAS 69

GRÁFICOS EVOLUTIVOS EM MONO-LOG

AGRUPAMENTO DOS RITMOS MAIS SIMILARES

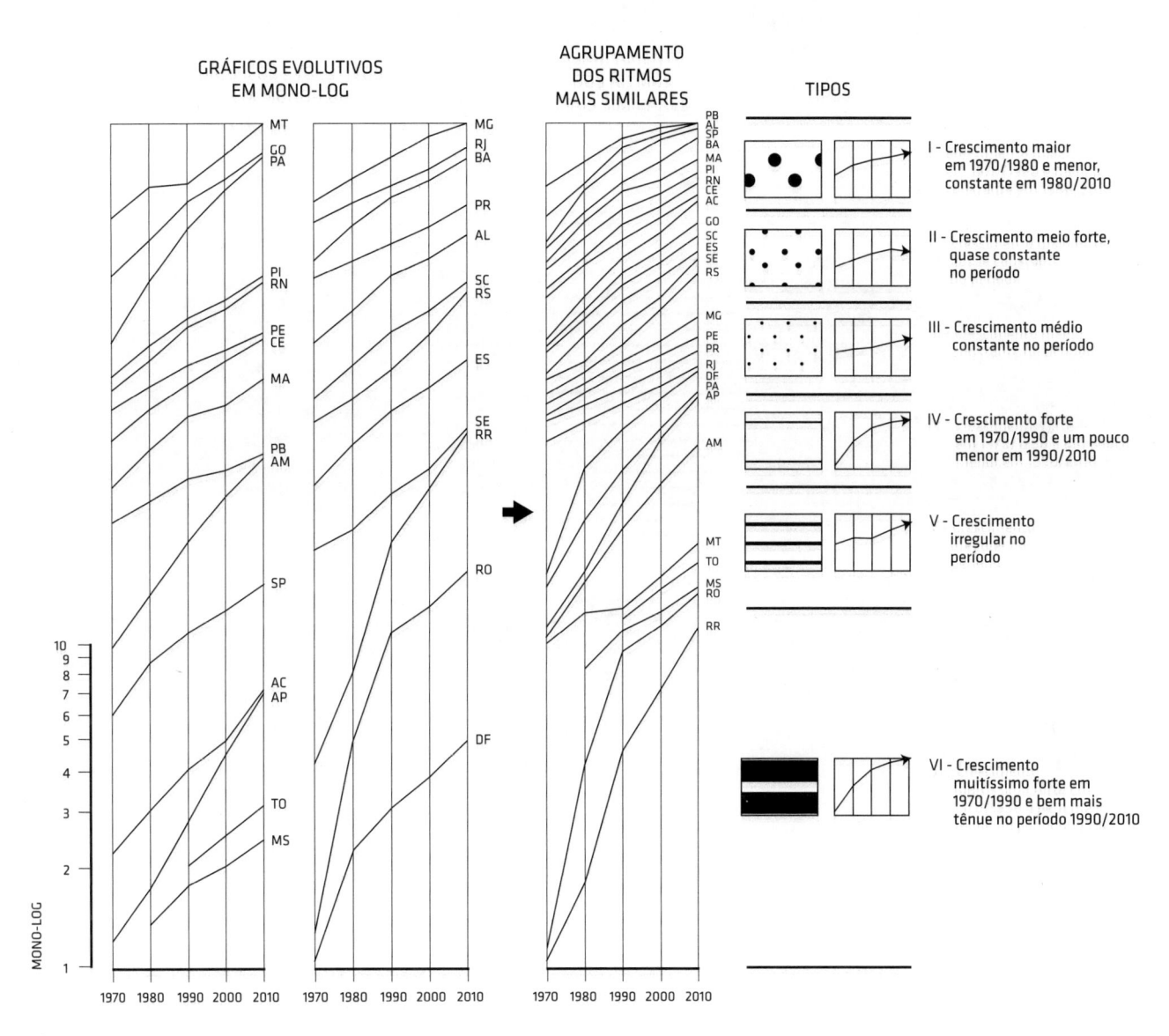

TIPOS

I - Crescimento maior em 1970/1980 e menor, constante em 1980/2010

II - Crescimento meio forte, quase constante no período

III - Crescimento médio constante no período

IV - Crescimento forte em 1970/1990 e um pouco menor em 1990/2010

V - Crescimento irregular no período

VI - Crescimento muitíssimo forte em 1970/1990 e bem mais tênue no período 1990/2010

Fig. 2.46 Agrupamento
Fonte dos dados: IBGE (1971, 1981, 1993, 2000, 2010).

BRASIL: TIPOS DE RITMO DE CRESCIMENTO DA POPULAÇÃO – 1970/2010

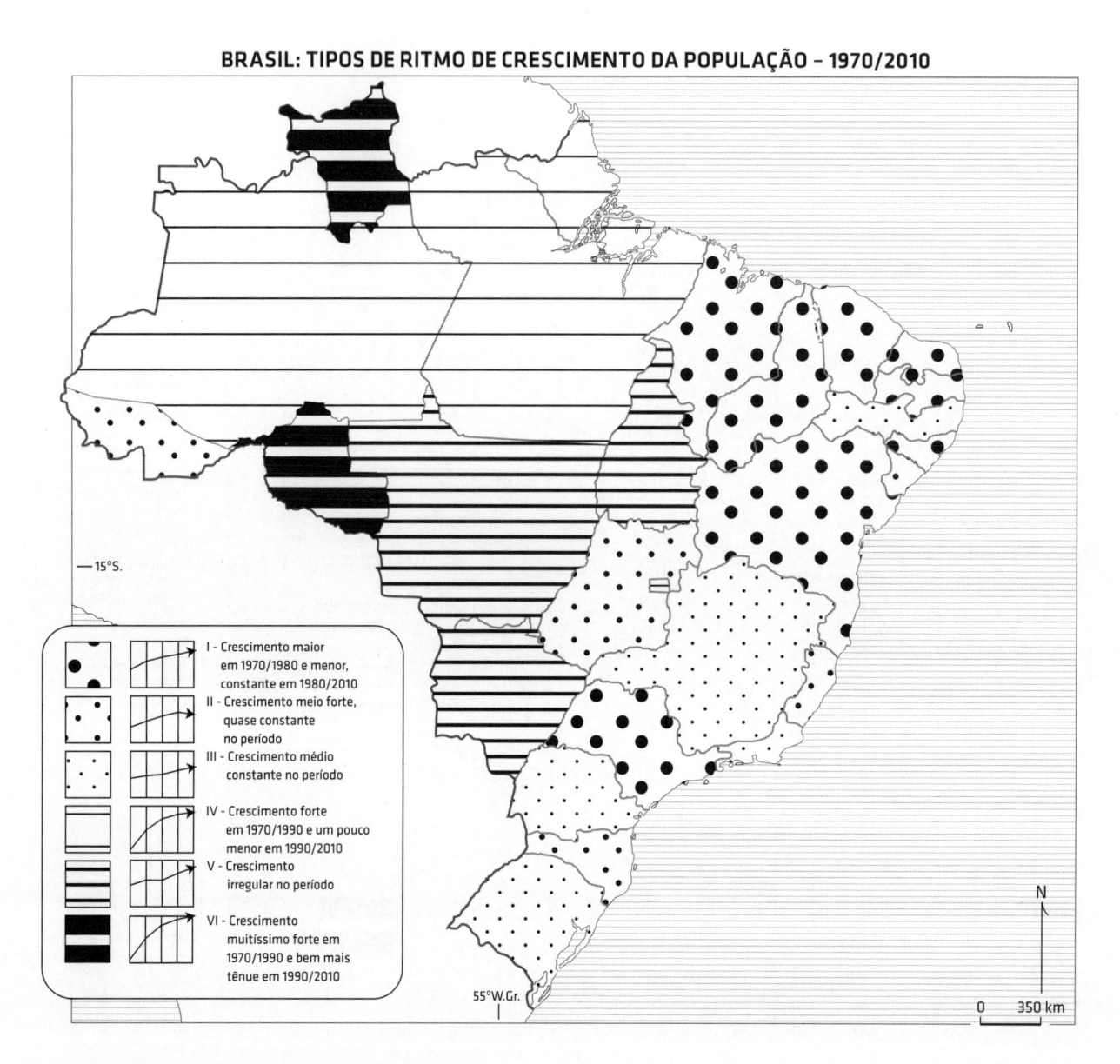

I - Crescimento maior em 1970/1980 e menor, constante em 1980/2010

II - Crescimento meio forte, quase constante no período

III - Crescimento médio constante no período

IV - Crescimento forte em 1970/1990 e um pouco menor em 1990/2010

V - Crescimento irregular no período

VI - Crescimento muitíssimo forte em 1970/1990 e bem mais tênue em 1990/2010

Fig. 2.47 Representação em mapa de tipologia de evoluções
Fonte dos dados: IBGE (1971, 1981, 1993, 2000, 2010).

capítulo 3
Os gráficos

3.1 Os antecedentes

Ainda em tempos remotos, houve significativas contribuições para o desenvolvimento desse tema, como o primeiro calendário de 365 dias, elaborado pelos egípcios entre 2.800 a.C. e 2.600 a.C., mas foi Roger Bacon, no século XIII d.C., quem estabeleceu as bases para a visualização de estatísticas abstratas – os gráficos.

Em épocas posteriores, destaca-se, entre tantas contribuições, o legado deixado por René Descartes (1596-1650) com sua Geometria Analítica, de 1637, segundo a qual dois números podem descrever a posição de um ponto numa superfície. Com suas *coordenadas cartesianas*, ele possibilitou à ciência dos números um novo olhar sobre as funções matemáticas, fornecendo os fundamentos para a elaboração dos gráficos.

Um dos primeiros a compor uma representação segundo essas diretrizes foi Johann Heinrich Lambert, que, em 1779, estabeleceu gráficos para sequências temporais de dados.

Porém, o maior e mais valioso feito foi o de William Playfair (1759-1823), que, também na segunda metade do século XVIII, promoveu a aplicação de gráficos nas estatísticas financeiras. Sua experiência técnica contribuiu para que pudesse estabelecer o embasamento dos métodos gráficos em prol da construção de diagramas.

Seu método, denominado *aritmética linear*, permitia resgatar muito mais informação e em menos tempo do que o exame acurado de uma tabela de dados. Playfair o explica do seguinte modo: se no fim de cada dia se empilhassem as moedas ganhas, cada pilha corresponderia a um dia de proveitos, e sua altura seria proporcional à receita obtida (Holmes, 1984) (Fig. 3.1).

Em sua obra *Commercial & political atlas*, de 1786, Playfair aplicou gráficos de linhas e de barras. Em *Statistical breviary*, de 1801, propôs o *gráfico circular*,

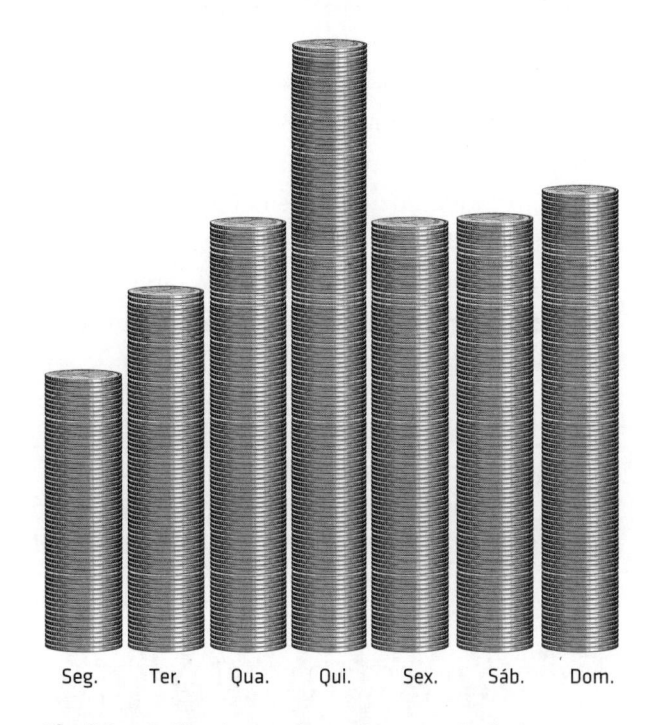

Fig. 3.1 Gráfico das moedas ganhas em cada dia da semana
Fonte: Holmes (1984).

em que o tamanho se fazia proporcional à área dos países representados. No relatório *Statistical account of the United States of America*, de 1805, de autoria de Denis Donnant, incorporou sua outra invenção, o setograma, mostrando a proporção da extensão de cada Estado americano em relação ao país como um todo.

Aproximadamente no mesmo período, na França, Charles de Fourcroy idealizou, em 1782, um gráfico para as cidades denominado *quadro poleométrico*, em que cada cidade era representada por um quadrado proporcional à superfície de seu espaço urbano. Superpondo-se os quadrados, desde os menores até os maiores, era possível vislumbrar uma classificação das cidades em muito pequenas, pequenas, médias, grandes e muito grandes.

Na Bélgica, foi expressivo o aporte de Jacques Quételet, na primeira metade do século XIX. Tido como o criador da ciência das estatísticas, ele organizou a publicação do censo demográfico de seu país, em 1832, e o Primeiro Congresso Internacional de Estatística, em 1853, em Bruxelas.

Na Áustria, na década de 1920, o Dr. Otto Neurath, diretor do Museu dos Estudos Sociais e Econômicos de Viena, idealizou o *método de Viena*, mais tarde batizado de *isotype* (abreviatura de International System of Typographic Picture Education), para compor gráficos com precisão e clareza, explorando a representação pictórica dos dados estatísticos. O símbolo pictórico de base, dotado de valor unitário, era repetido tantas vezes quantas fossem necessárias para contabilizar o valor desejado (Fig. 3.2).

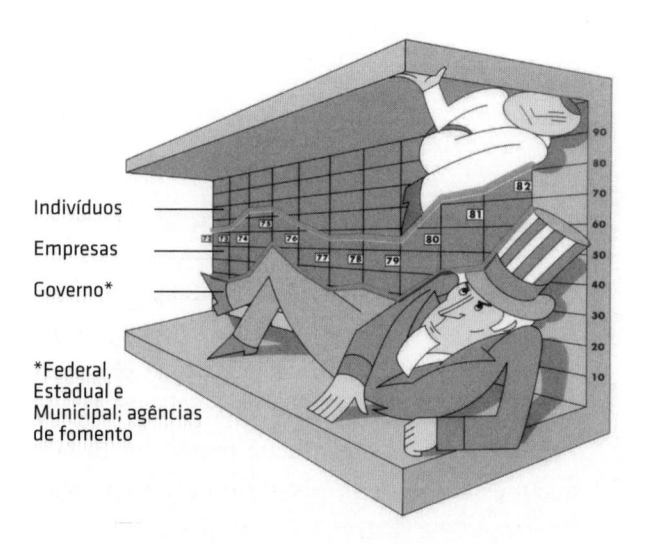

Fig. 3.3 Gráfico pictórico do andamento de vários setores da economia
Fonte: Holmes (1984).

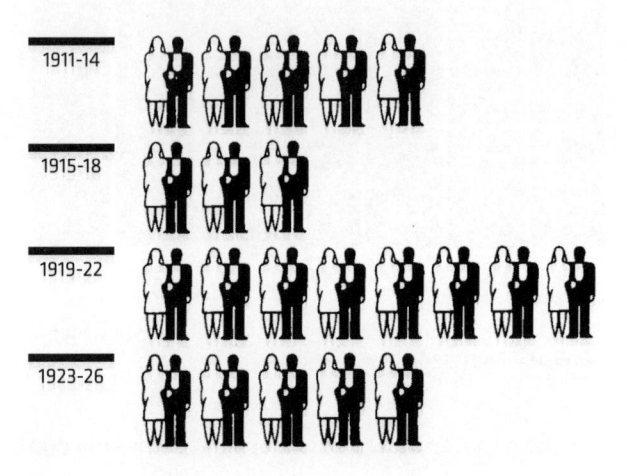

Fig. 3.2 Gráfico dos casamentos na Alemanha entre 1911 e 1926 pelo método de Viena. Cada símbolo representa 400.000 casamentos
Fonte: Holmes (1984).

Os inúmeros trabalhos com gráficos pictóricos pelo método de Viena tornaram-se modelos de expressão, e os elaboradores de gráficos têm recebido forte influência desse método até os dias atuais.

Nos Estados Unidos, os gráficos, pictóricos ou não, tiveram grande difusão por meio da imprensa, principalmente após a quebra da Bolsa de Nova York, em 1929, ao possibilitarem aos leitores um permanente controle dos altos e baixos das cotações das ações.

Hoje, a mídia como um todo proporciona ampla divulgação de gráficos pictóricos, procurando oferecer uma compreensão mais rápida da mensagem (Fig. 3.3).

3.2 Elaboração e uso

Como visto anteriormente, elaborar um gráfico significa explorar, sobre o plano cartesiano, as correspondências entre todos os dados de um componente da informação e todos os dados de outro componente: a cada dia D_i do mês tal corresponde um valor $\$_i$ da cotação da ação Alfa na Bolsa de Valores (LeSann, 1991) (Fig. 3.4).

Os gráficos podem ser construídos explorando-se três sistemas básicos de coordenadas: cartesiano, polar e triangular.

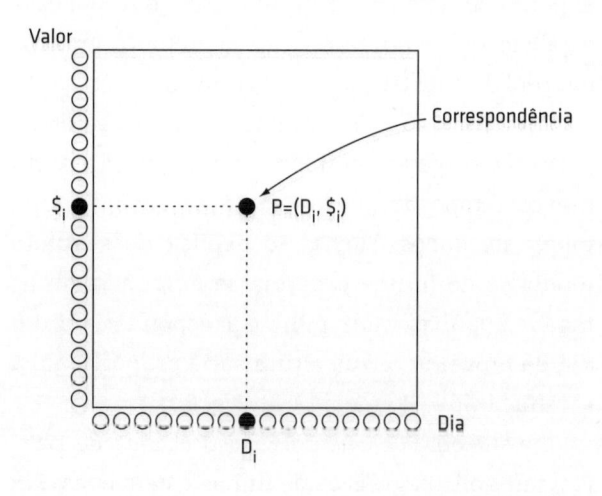

Fig. 3.4 Gráfico

3.2.1 O sistema cartesiano

Uma malha quadriculada é a base do sistema (Fig. 3.5).

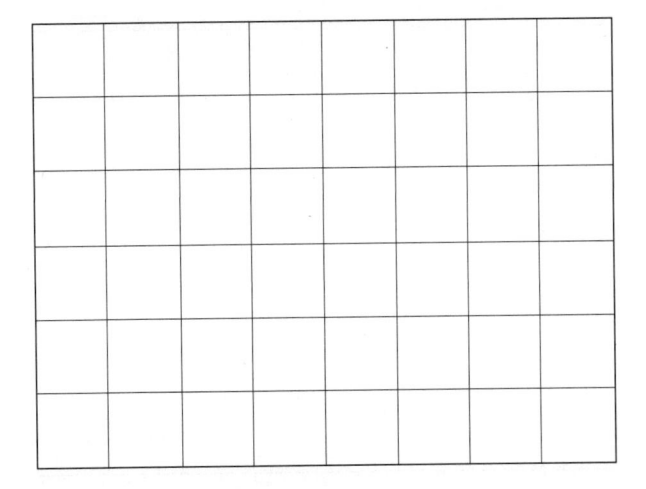

Fig. 3.5 Malha quadriculada

O sistema cartesiano, estabelecido por Descartes, considera dois eixos ortogonais, um horizontal, o das abscissas (X), e outro vertical, o das ordenadas (Y). O ponto (P) que define a correspondência é determinado, no plano cartesiano, por duas distâncias, uma horizontal (X_i) e outra vertical (Y_i), a partir de uma origem fixa (O), a interseção dos dois eixos (Fig. 3.6).

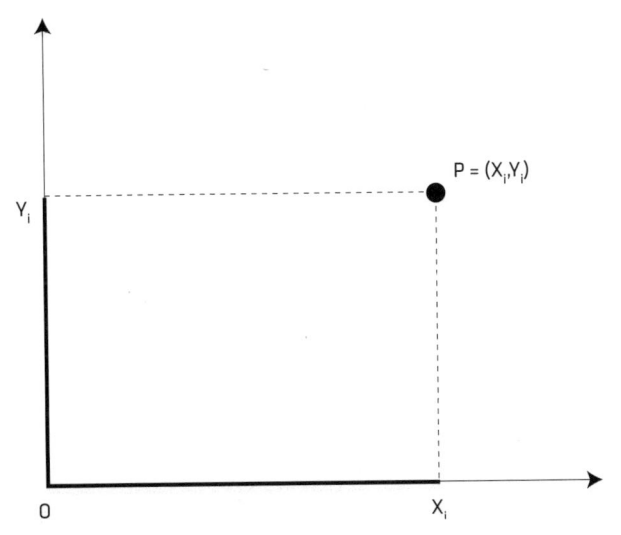

Fig. 3.6 Plano cartesiano

Para facilitar a construção dos gráficos nesse sistema, pode-se considerar uma malha quadriculada como apoio.

Para essa finalidade existe, no comércio especializado, o papel milimetrado (Fig. 3.7), com malhas em centímetros, de traços mais grossos, que se subdividem em milímetros, de traços mais finos, acentuando-se um pouco aqueles que passam a cada meio centímetro. O uso de *softwares* específicos, no entanto, dispensa o papel.

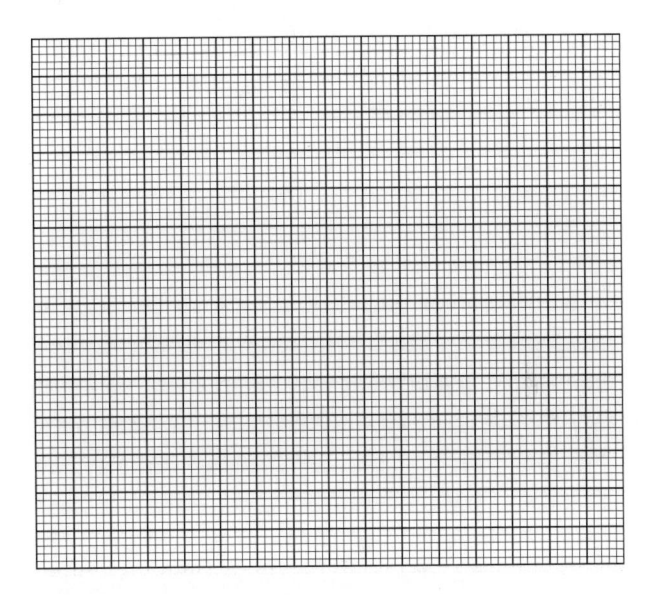

Fig. 3.7 Papel milimetrado

Gráficos de barras e de colunas simples

Os gráficos mais simples de elaborar são os de barras (retângulos horizontais) e os de colunas (retângulos verticais). A variável visual a ser mobilizada é o *tamanho*, a única que permite transcrever visualmente a relação de proporção entre quantidades. Esses gráficos são indicados para comparar grandezas, e, ao mesmo tempo que evidenciam os extremos, permitem avaliar as diferenças, pequenas ou grandes, entre os valores.

Seja a representação de uma série geográfica: nas linhas da tabela estão os lugares, as Grandes Regiões do Brasil, e nas colunas, as respectivas populações (Tab. 3.1). O papel do gráfico será mostrar visualmente as correspondências entre as Grandes Regiões e as populações, sendo essas correspondências "vistas" por meio de relações entre tamanhos (Fig. 3.8).

Tab. 3.1 Brasil: população residente segundo as Grandes Regiões – 2010

Grandes Regiões	População residente
Norte	15.864.454
Nordeste	53.081.950
Sudeste	80.364.410
Sul	27.386.891
Centro-Oeste	14.058.094
Brasil	190.755.799

Fonte: IBGE (2010).

BRASIL: POPULAÇÃO RESIDENTE SEGUNDO AS GRANDES REGIÕES – 2010

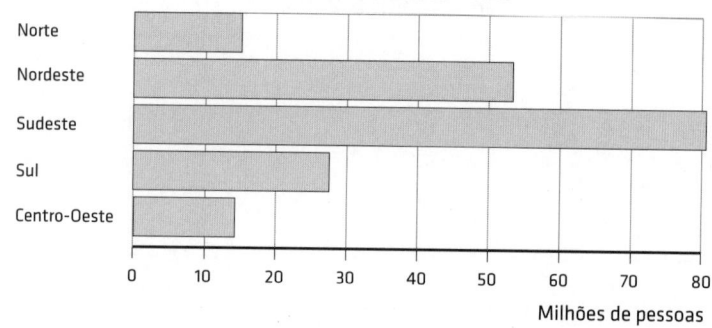

Fig. 3.8 Gráfico de barras simples
Fonte dos dados: IBGE (2010).

Ao optar por barras, o gráfico possibilitará a imediata visualização da própria tabela, e será facilitada a legibilidade dos lugares, por estarem escritos na horizontal (de qualquer maneira, eles não caberiam embaixo das colunas). Os efetivos da tabela – a população residente – serão "vistos" diretamente como relações entre tamanhos.

Note-se que a tabela apresenta as Grandes Regiões do Brasil numa ordem estabelecida pelo Instituto Brasileiro de Geografia e Estatística (IBGE). Nada impede, entretanto, que ela seja alterada. Permutando as linhas da tabela, pode-se reorganizá-la, dispondo as regiões na ordem decrescente de suas populações (Tab. 3.2). O gráfico de barras irá se tornar, assim, mais significativo, facilitando comparações e, consequentemente, sua memorização (Fig. 3.9). Essa operação de permuta pode ser feita porque a relação entre as denominações das regiões é apenas de diversidade.

O exame atento desse gráfico permite descobrir e ressaltar os agrupamentos de lugares de importância comparável.

Nada impede, ainda, que se construam, com base na mesma tabela, colunas em vez de barras e que se dê destaque visual às colunas que ultrapassem o valor da média do conjunto (Fig. 3.10).

O mesmo raciocínio e a solução gráfica por gráfico de barras podem ser adotados para representar a série estatística específica (Tab. 3.3 e Fig. 3.11).

Tab. 3.2 Brasil: população residente segundo as Grandes Regiões em ordem decrescente – 2010

Grandes Regiões	População residente
Sudeste	80.364.410
Nordeste	53.081.950
Sul	27.386.891
Norte	15.864.454
Centro-Oeste	14.058.094
Brasil	190.755.799

Fonte: IBGE (2010).

BRASIL: POPULAÇÃO RESIDENTE SEGUNDO AS GRANDES REGIÕES – 2010

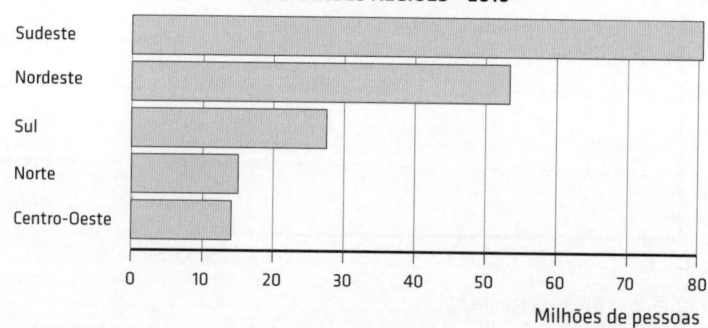

Fig. 3.9 Gráfico de barras simples em ordem decrescente
Fonte dos dados: IBGE (2010).

CAPÍTULO 3 | OS GRÁFICOS

BRASIL: POPULAÇÃO RESIDENTE SEGUNDO AS GRANDES REGIÕES – 2010

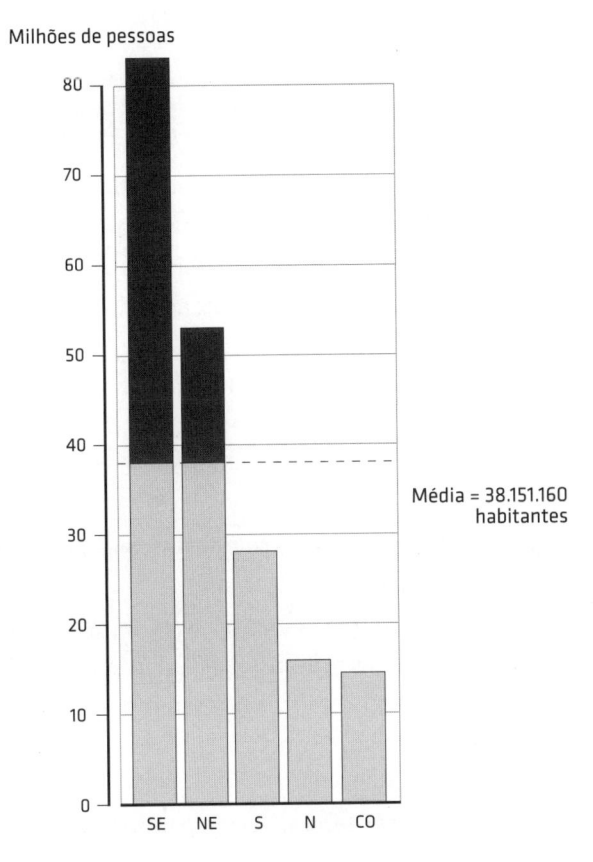

Milhões de pessoas

Média = 38.151.160 habitantes

SE NE S N CO

Fig. 3.10 Gráfico de colunas simples destacando valores acima e abaixo da média
Fonte dos dados: IBGE (2010).

O uso dos gráficos de barras e de colunas simples: leitura, análise e interpretação

De posse da identificação geral do gráfico, feita por meio da leitura do título e dos demais dizeres, incluindo a própria legenda, quando necessário, ingressa-se diretamente no conteúdo da representação gráfica.

Nos gráficos de barras e de colunas simples, a primeira coisa a fazer é constatar o que mais se evidencia, procurando o máximo e o mínimo. Isso é muito fácil de ser feito, já que basta observar a relação entre os tamanhos. Por meio da apreciação visual, é possível imediatamente considerar proporções (o máximo é cinco vezes maior que o mínimo, por exemplo), bem como avaliar se há grandes ou pequenos contrastes.

Em nível de conjunto, esses gráficos podem revelar se há a formação de agrupamentos de importância comparável (os grandes, os médios, os pequenos).

Gráficos de barras compostas

Para a representação das séries estatísticas compostas, como as geográficas específicas, também se poderão empregar barras, só que dessa vez compostas, isto é, com partes proporcionais às parcelas que compõem os totais. Ao considerar dados em porcentagem, o gráfico

Tab. 3.3 Brasil: área dos estabelecimentos agropecuários por utilização das terras – 2006

Utilização das terras	Áreas (ha)
Pastagens plantadas	101.437.409
Matas naturais	93.982.304
Pastagens naturais	57.316.457
Lavouras temporárias	48.234.391
Lavouras permanentes	11.612.227
Matas plantadas	4.497.324
Total	317.080.112

Fonte: IBGE (2006).

BRASIL: ÁREA DOS ESTABELECIMENTOS AGROPECUÁRIOS POR UTILIZAÇÃO DAS TERRAS – 2006

Pastagens plantadas
Matas naturais
Pastagens naturais
Lavouras temporárias
Lavouras permanentes
Matas plantadas

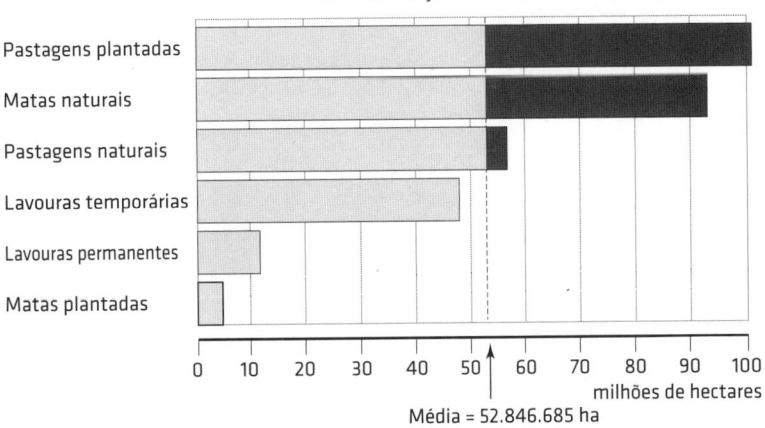

0 10 20 30 40 50 60 70 80 90 100
milhões de hectares
Média = 52.846.685 ha

Fig. 3.11 Gráfico de barras simples destacando valores acima e abaixo da média
Fonte dos dados: IBGE (2006).

será constituído de barras de mesmo comprimento (100%). Para distingui-las visualmente, será necessário utilizar uma variável visual com propriedade seletiva – textura ou cor –, bem como elaborar uma legenda, fazendo cada barra corresponder a uma textura ou cor distinta, sem que nenhuma delas se sobressaia (todas devem ter o mesmo valor visual) (Tab. 3.4 e Fig. 3.12).

Entretanto, essa construção gráfica dificulta a comparação, por exemplo, no caso das diferentes parcelas entre as cinco regiões brasileiras. Somente aquelas referentes à utilização das terras com lavouras e matas são comparáveis, pois estão nas extremidades do gráfico. Com as referentes às pastagens, isso não acontece, já que não têm uma base de comparação: as parcelas "flutuam" no interior do gráfico, não permitindo apreciar as diferenças por comparação.

Para que se possam "ver" facilmente essas diferenças, será necessário reconstruir o gráfico.

Primeiro, elaboram-se três gráficos de barras, um para cada modo de utilização das terras (Fig. 3.13). Note-se que essa nova construção gráfica, uma coleção de gráficos, dispensa totalmente a legenda, pois os títulos apostos aos gráficos os identificam.

Permutando-se, em seguida, as barras entre si, de modo a ordenar em sequência decrescente a utilização das terras com lavouras, o gráfico revelará que, no cômputo das proporções, o comportamento dessa modalidade de uso nas quatro regiões é praticamente oposto ao do uso com pastagens (Fig. 3.14). Já a utilização com matas não apresenta grandes discrepâncias, mostrando-se predominante na Grande Região Nordeste.

O uso dos gráficos de barras compostas: leitura, análise e interpretação

Os gráficos de barras compostas representam estruturas e permitem fazer a comparação de uma parcela com o total, ressaltando a participação relativa daquela dentro deste. Nesse

Tab. 3.4 Brasil: área dos estabelecimentos agropecuários por utilização das terras, segundo as Grandes Regiões – 2006

Grandes Regiões	Total (ha)	%	Utilização das terras					
			Lavouras (ha)	%	Pastagens (ha)	%	Matas	%
Norte	90.850.939	100	42.050.085	46,28	26.524.174	29,20	22.276.680	24,52
Nordeste	71.558.040	100	15.162.858	21,19	30.539.604	42,68	25.855.578	36,13
Sudeste	51.925.189	100	13.172.784	25,37	27.561.143	53,08	11.191.262	21,55
Sul	39.387.976	100	15.094.335	38,32	15.610.729	39,63	8.682.912	22,05
Centro-Oeste	101.202.967	100	12.211.556	12,07	58.518.216	57,82	30.473.195	30,11

Fonte: IBGE (2006).

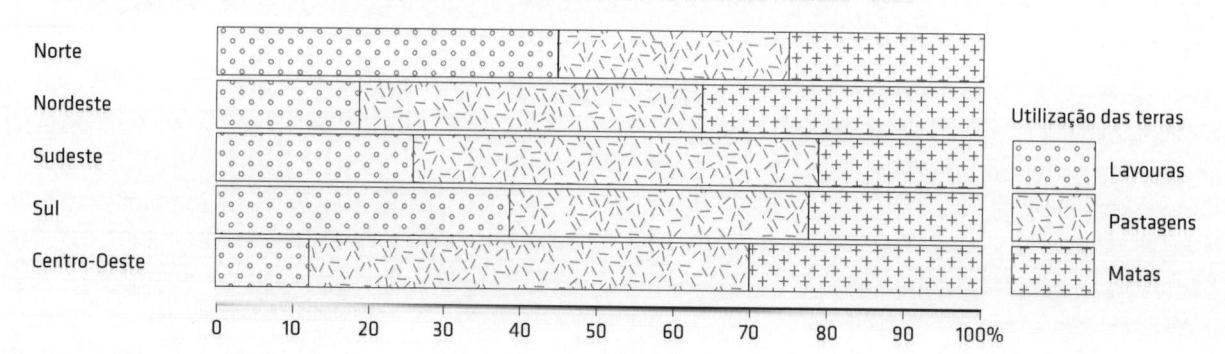

Fig. 3.12 Gráfico de barras compostas
Fonte dos dados: IBGE (2006).

BRASIL: ÁREA DOS ESTABELECIMENTOS AGROPECUÁRIOS POR UTILIZAÇÃO DAS TERRAS, SEGUNDO AS GRANDES REGIÕES - 2006

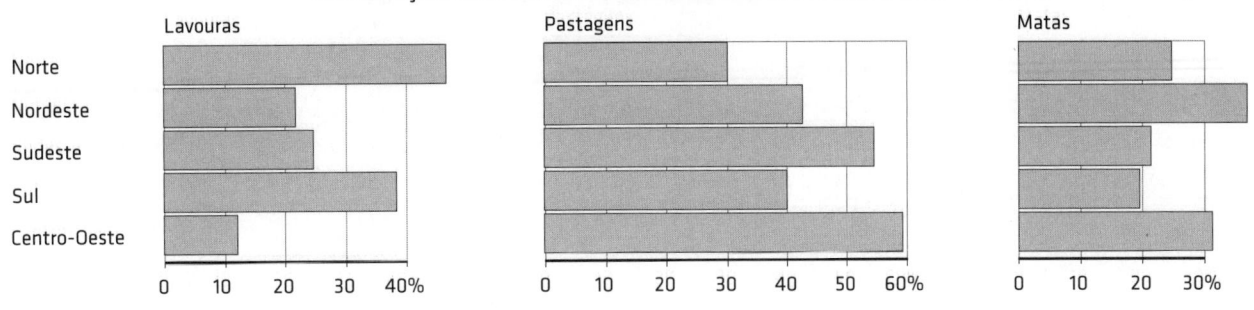

Fig. 3.13 Coleção de gráficos de barras em que cada gráfico representa uma utilização das terras
Fonte dos dados: IBGE (2006).

BRASIL: ÁREA DOS ESTABELECIMENTOS AGROPECUÁRIOS POR UTILIZAÇÃO DAS TERRAS, SEGUNDO AS GRANDES REGIÕES - 2006

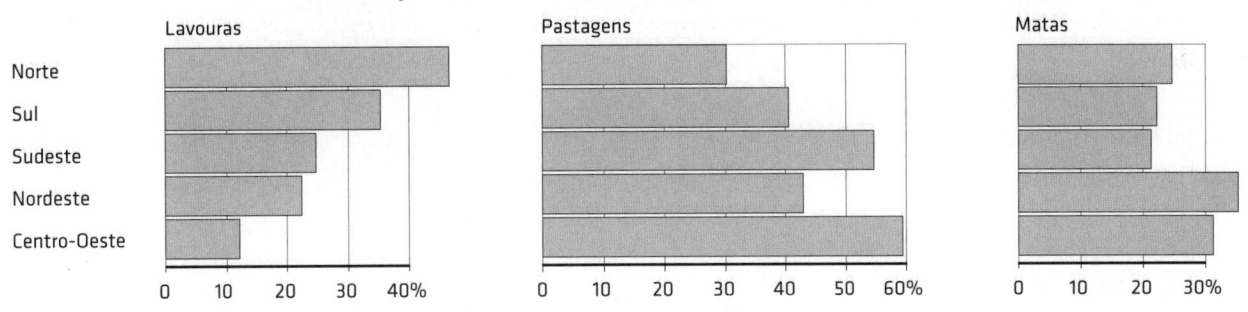

Fig. 3.14 Coleção de gráficos de barras em que as barras foram permutadas entre si
Fonte dos dados: IBGE (2006).

gráfico, devem-se examinar as parcelas que se evidenciam em termos de máximo e mínimo. Sua leitura exige a presença de uma legenda.

Entretanto, como visto anteriormente, esse tipo de gráfico não tem uma leitura fácil, pois não é imediata a comparação entre os vários tamanhos representativos das parcelas. Para tanto, recomenda-se uma reconstrução por meio de uma coleção de gráficos de barras simples, que permitem "ver" imediatamente as diferenças, fazer rapidamente comparações e interpretar melhor a informação revelada pelo conjunto.

Gráficos de colunas compostas

Do mesmo modo que se consideraram barras divididas, as colunas também aceitam congregar partes proporcionais às respectivas parcelas porcentuais. Tome-se o caso da representação da série estatística composta temporal específica (Tab. 3.5 e Fig. 3.15). Ficará evidente a necessidade de legenda para identificar as partes que formam os totais para cada data.

Pronta a construção gráfica, pode-se averiguar a dificuldade de comparação entre as parcelas referentes aos três setores de atividades nas cinco datas, na tentativa de vislumbrar o exato comportamento evolutivo de cada uma, detectando tanto pequenas como grandes diferenças na evolução das estruturas.

Para que se possa "ver" imediatamente cada evolução será necessário, também aqui, reconstruir o gráfico. Assim, serão elaborados três gráficos de colunas, um para cada setor (Fig. 3.16). Pode-se constatar que essa nova representação gráfica, em coleção de gráficos, dispensa totalmente a legenda.

Tab. 3.5 Brasil: população economicamente ativa (PEA) segundo os setores – 1970/2010

Setores de atividades	População economicamente ativa (PEA)									
	1970		1980		1991		2000		2010	
	População	%	População	%	População	%	População	%	População	%
Primário	13.087.521	44,28	12.661.017	29,28	14.180.519	22,83	16.190.702	20,90	17.188.788	17,00
Secundário	5.295.427	17,91	10.772.463	24,92	14.094.319	22,70	14.873.755	19,28	22.345.318	22,10
Terciário	11.174.276	37,81	19.802.232	45,80	33.825.664	54,47	46.403.016	59,82	61.575.894	60,90
PEA total	29.557.224	100,00	43.235.712	100,00	62.100.502	100,00	77.467.473	100,00	101.110.000	100,00

Fonte: IBGE (2010).

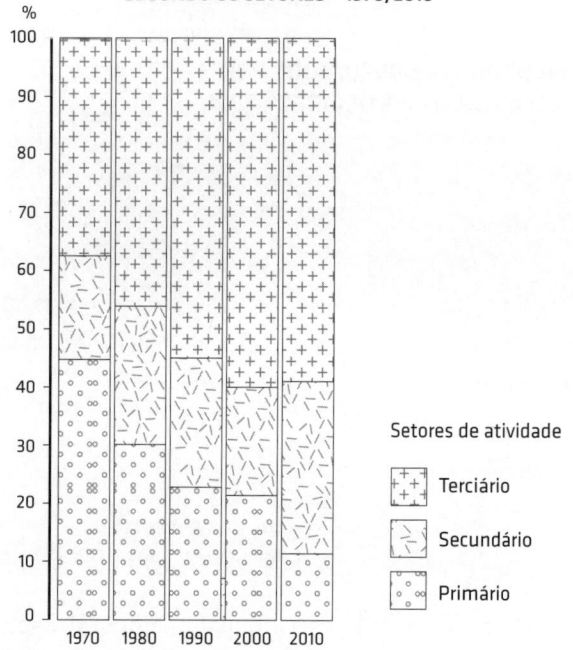

Fig. 3.15 Gráfico de colunas compostas
Fonte dos dados: IBGE (2010).

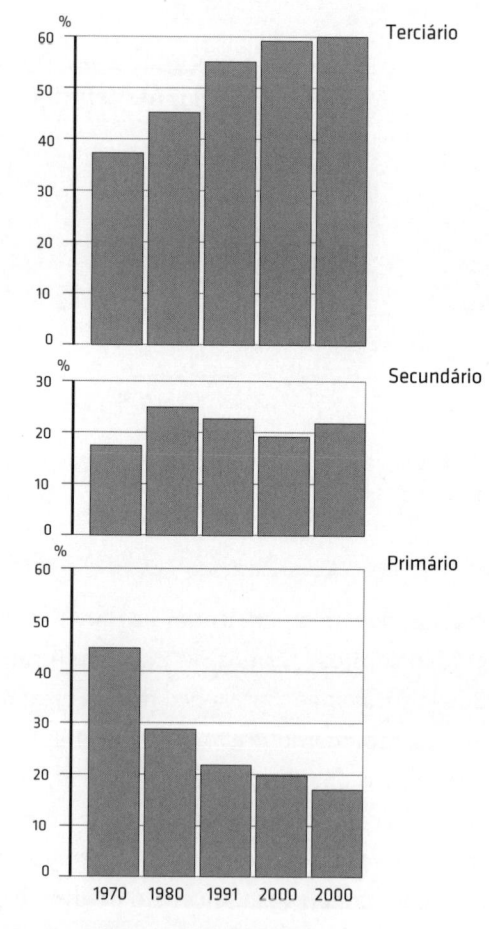

Fig. 3.16 Coleção de gráficos de colunas
Fonte dos dados: IBGE (2010).

O uso dos gráficos de colunas compostas: leitura, análise e interpretação

As mesmas considerações feitas para os gráficos de barras compostas são válidas para os gráficos de colunas compostas.

Note-se que, quando a população economicamente ativa do Brasil para o período entre 1970 e 2010 foi resolvida por coleção de gráficos de colunas simples, revelou-se de forma "gritante" a inversão da participação dos setores primário e terciário.

Os histogramas

O histograma, inventado por Karl Pearson, é a representação gráfica específica para mostrar a distribuição de frequência numa série de dados, sendo constituído de colunas justapostas com áreas proporcionais às frequências absolutas (f) e bases proporcionais às amplitudes dos intervalos das classes (i) (Fig. 3.17).

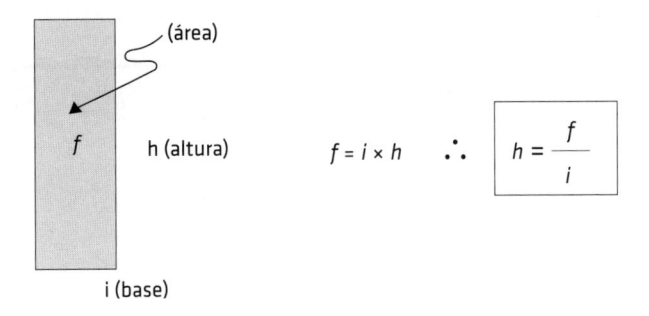

Fig. 3.17 Coluna de um histograma, cuja área é proporcional à frequência

Quando os intervalos são iguais, é fácil: basta considerar a proporção apenas nas alturas das colunas (Tab. 3.6 e Fig. 3.18).

Tab. 3.6 Dados para a composição do histograma da Fig. 3.18

Classes	Intervalos (i)	Frequência (f)
0 – 2	2	20
2 – 4	2	10
4 – 6	2	10
6 – 8	2	20

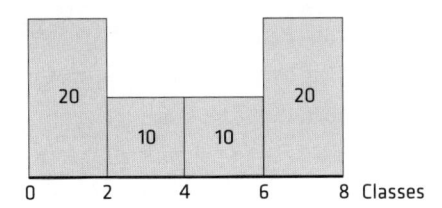

Fig. 3.18 Histograma

Se os intervalos forem desiguais, o cálculo para as alturas deverá levar em conta a amplitude dos intervalos das classes, de acordo com:

$$f = i \times h \quad \therefore \quad h = \frac{f}{i} \quad \quad (3.1)$$

Aplicando $h = \frac{f}{i}$ para determinar as três alturas, têm-se:

$$h_1 = \frac{20}{2} = 10 \quad h_2 = \frac{20}{2} = 5 \quad h_3 = \frac{20}{2} = 10$$

Considerando a Tab. 3.7, elabora-se o histograma da Fig. 3.19.

Tab. 3.7 Dados para a composição do histograma da Fig. 3.19

Classes	Intervalos (i)	Frequência (f)
0 – 2	2	20
2 – 6	4	20
6 – 8	2	20

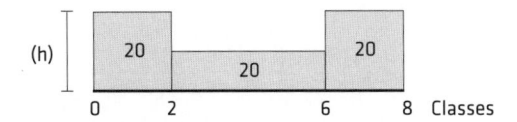

Fig. 3.19 Histograma

Apresenta-se, agora, um exemplo de representação gráfica da distribuição de frequência em histograma (Tab. 3.8 e Fig. 3.20). Ela resultou da apuração do número de valores das densidades demográficas dos Estados brasileiros para o ano de 2010, que se incluem em cada intervalo de observação. Nesse caso, todos os intervalos serão iguais a 10 hab./km².

Tab. 3.8 Distribuição de frequência do número de valores das densidades demográficas do Brasil segundo as unidades da Federação – 2010

Classes em intervalos de 10 hab./km²
0 ⊢— 10
10 ⊢— 20
20 ⊢— 30
30 ⊢— 40
40 ⊢— 50
50 ⊢— 60
60 ⊢— 70
70 ⊢— 80
80 ⊢— 90
90 ⊢— 100
110 ⊢— 120
⋮
160 ⊢— 170
⋮
360 ⊢— 370
⋮
440 ⊢— 450

Fonte: IBGE (2010).

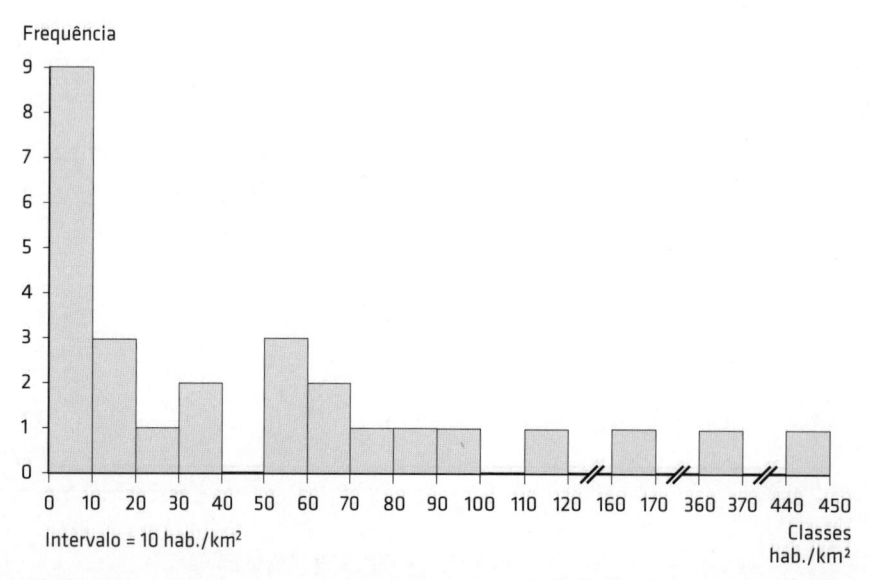

Fig. 3.20 Histograma da distribuição de frequência do número de valores das densidades demográficas do Brasil segundo as unidades da Federação – 2010
Fonte dos dados: IBGE (2010).

O uso dos histogramas: leitura, análise e interpretação

Ao representarem as distribuições de frequências, os histogramas possibilitam uma análise visual do comportamento dessas distribuições. Isso é feito controlando-se as colunas maiores, as colunas menores e o arranjo entre elas, isto é, verificando-se a forma como as colunas se agrupam. Às vezes, ficam espaços sem colunas, o que significa frequência zero, ou seja, inexistência de ocorrências em determinada classe.

Se as colunas maiores estiverem à esquerda, no centro e à direita do gráfico, mostram que, respectivamente, os valores menores, médios e altos ocorrem com maior frequência, descrevendo tipos de distribuições. A primeira ocorrência é particularmente comum nos fenômenos sociais; a segunda, que mostra uma disposição simétrica, caracteriza os fenômenos da natureza; a terceira é mais rara na Geografia.

A pirâmide de idades

A pirâmide de idades é uma aplicação do histograma. Trata-se da representação da estrutura de uma população por sexo e idade. Sua elaboração é feita em forma de pirâmide, empilhando-se barras horizontais dos grupos de idades, opondo-se à direita e à esquerda os dois sexos. Sua base é constituída pela população da mais tenra idade, e seu ápice, pela população idosa.

A pirâmide de idades em valores absolutos

A pirâmide de idades pode ser construída com base em valores absolutos quando está sozinha. Seu tamanho como um todo será proporcional ao efetivo da população total. Assim, embora com a mesma altura, a pirâmide da população do Brasil ficará bem mais larga que a da população do Estado de São Paulo.

A organização dessa pirâmide parte da Tab. 3.9, que apresenta, em cada linha, o número de pessoas de determinado grupo de idade, as quais são distribuídas por sexo em duas colunas (Fig. 3.21).

O uso da pirâmide de idades em valores absolutos: leitura, análise e interpretação

A pirâmide de idades permite avaliar o número de pessoas por faixa etária e sexo, e seu tamanho (comprimento) depende do total dos nascimentos por geração, da mortalidade e das migrações.

A forma geral da pirâmide também pode ser interpretada. A base larga indica alta natalidade, e o ápice muito agudo é consequência da baixa expectativa de vida da população.

Tab. 3.9 Brasil: população por sexo e grupos de idade – 2010

Grupos de idade	População	
	Homens	Mulheres
0 a 4 anos	7.016.987	6.779.171
5 a 9 anos	7.624.144	7.345.231
10 a 14 anos	8.725.413	8.441.348
15 a 19 anos	8.558.868	8.432.004
20 a 24 anos	8.630.229	8.614.963
25 a 29 anos	8.460.995	8.643.419
30 a 34 anos	7.717.658	8.026.854
35 a 39 anos	6.766.664	7.121.915
40 a 44 anos	6.320.568	6.688.796
45 a 49 anos	5.692.014	6.141.338
50 a 54 anos	4.834.995	5.305.407
55 a 59 anos	3.902.344	4.373.877
60 a 64 anos	3.044.035	3.468.085
65 a 69 anos	2.224.065	2.616.745
70 anos e mais	3.891.011	5.349.656
Totais	93.406.990	97.348.809

Fonte: IBGE (2010).

Quando sua base é mais estreita, e a forma geral, mais cheia, com ápice mais largo, há mortalidade e natalidade baixas, com predomínio de população adulta e maior expectativa de vida.

Às vezes, sua silhueta pode apresentar reentrâncias, o que indica grande redução de nascimentos, em geral decorrente de guerras.

A comparação entre pirâmides de idades

Para comparar duas ou mais pirâmides de idades de lugares, territórios ou datas diferentes, os grupos etários devem ser dados em valores porcentuais. Assim, as pirâmides ficarão com a mesma superfície e as formas é que serão comparáveis.

Há três maneiras de estabelecer a proporção em porcentagem entre os grupos etários:

a) cada grupo de idade de cada sexo é uma proporção em relação ao total da população;
b) cada grupo de idade de cada sexo é uma proporção em relação ao total da população de cada sexo;
c) cada grupo de idade de cada sexo é uma proporção em relação ao total dos dois sexos do respectivo grupo.

BRASIL: POPULAÇÃO POR SEXO E GRUPOS DE IDADE – 2010

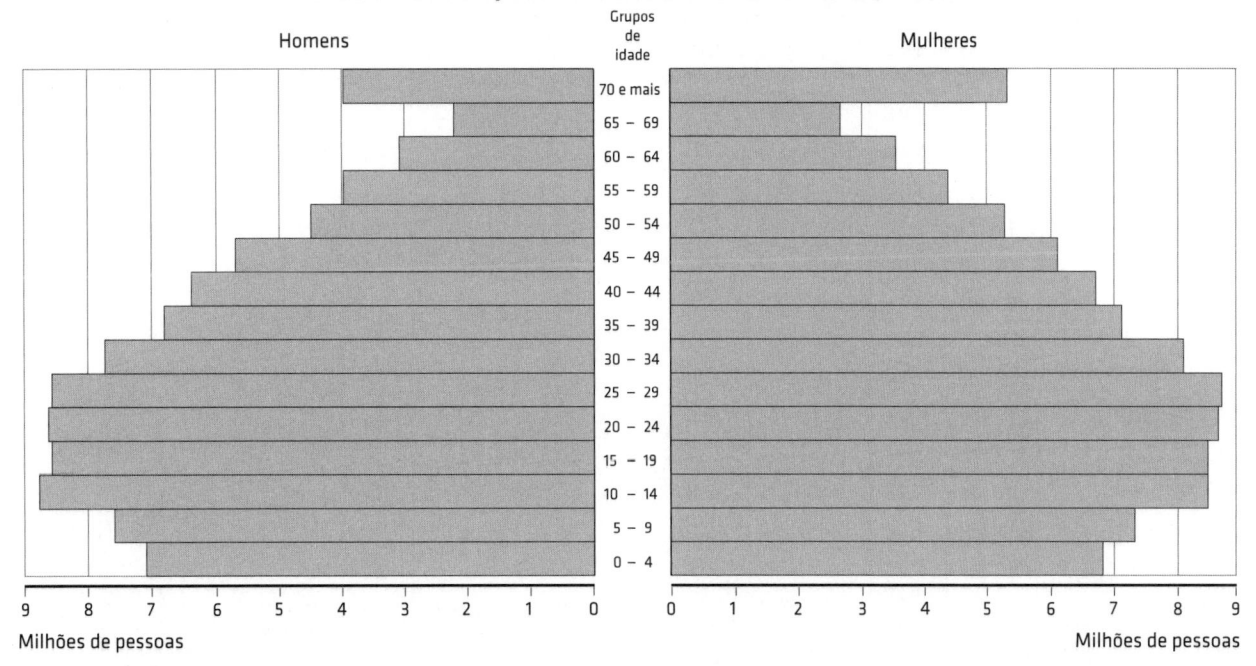

Fig. 3.21 Pirâmide de idades
Fonte dos dados: IBGE (2010).

A primeira solução é a mais recomendada pelos demógrafos, pois facilita a comparação entre populações de lugares ou territórios distintos ou entre gerações de um mesmo lugar ou território.

A segunda solução é a mais utilizada, pois facilita as comparações de um mesmo sexo entre várias pirâmides. Entretanto, os demógrafos a contestam, pois equivaleria a refazer, para cada sexo, a análise da comparação por idades já feita para os dois sexos juntos, sem a preocupação pela proporção de cada sexo em seu conjunto.

A terceira solução dá, para cada grupo de idade, a proporção de homens ou de mulheres no conjunto das pessoas de mesma idade. Os resultados obtidos permitem examinar como muda essa proporção entre várias gerações.

A comparação, quando feita apenas entre duas pirâmides, pode ser facilmente obtida pela superposição das duas. Uma pirâmide pode ser feita em tom cinza, e a outra, com traço forte, apenas reportando sua silhueta. A transparência assim obtida facilitará a visão de conjunto e a leitura ao nível de cada faixa etária.

Para ilustrar essa representação combinada, serão elaboradas pirâmides de idades superpostas para as populações do Brasil em 2000 e 2010 (Fig. 3.22) com base nas Tabs. 3.10 e 3.11, já organizadas com os dados porcentuais necessários para as comparações.

O impacto visual da análise evolutiva fica mais perceptível ao se colocarem em evidência as diferenças algébricas em pontos porcentuais entre as faixas etárias para cada sexo, o que será feito na próxima elaboração gráfica. Para tanto, num mesmo gráfico, serão considerados dois eixos verticais, um para cada sexo. Na horizontal, saem, para o lado direito, barras representativas dos saldos positivos (em cinza), e, para o lado esquerdo, barras representativas dos saldos negativos (em branco).

A Tab. 3.12 apresenta, para cada grupo de idade, as diferenças em pontos porcentuais negativos ou positivos em duas colunas, para homens e mulheres. Essas diferenças foram obtidas subtraindo-se algebricamente as porcentagens referentes a 2000 daquelas relativas a 2010.

Tab. 3.10 Brasil: população por sexo e grupos de idade – 2000

Grupos de idade	População			
	Homens	%	Mulheres	%
0 a 4 anos	8.326.926	4,90	8.048.802	4,74
5 a 9 anos	8.402.353	4,94	8.139.974	4,79
10 a 14 anos	8.777.639	5,16	8.570.428	5,05
15 a 19 anos	9.019.130	5,31	8.920.685	5,25
20 a 24 anos	8.048.218	4,73	8.099.297	4,77
25 a 29 anos	6.814.328	4,01	7.635.337	4,49
30 a 34 anos	6.363.983	3,75	6.664.961	3,93
35 a 39 anos	5.955.875	3,51	6.305.654	3,71
40 a 44 anos	5.116.439	3,01	5.430.255	3,20
45 a 49 anos	4.216.418	2,48	4.505.123	2,65
50 a 54 anos	3.415.678	2,01	3.646.923	2,15
55 a 59 anos	2.585.244	1,52	2.859.471	1,68
60 a 64 anos	2.153.209	1,27	2.447.720	1,44
65 a 69 anos	1.639.325	0,97	1.941.781	1,14
70 anos e mais	2.741.250	1,61	3.612.744	2,13
Totais	83.576.015	49,22	86.223.155	50,78

Fonte: IBGE (2000).

Tab. 3.11 Brasil: população por sexo e grupos de idade – 2010

Grupos de idade	População			
	Homens	%	Mulheres	%
0 a 4 anos	7.016.987	3,68	6.779.171	3,55
5 a 9 anos	7.624.144	4,00	7.345.231	3,85
10 a 14 anos	8.725.413	4,57	8.441.348	4,43
15 a 19 anos	8.558.868	4,49	8.432.004	4,42
20 a 24 anos	8.630.229	4,52	8.614.963	4,52
25 a 29 anos	8.460.995	4,44	8.643.419	4,53
30 a 34 anos	7.717.658	4,05	8.026.854	4,21
35 a 39 anos	6.766.664	3,55	7.121.915	3,73
40 a 44 anos	6.320.568	3,31	6.688.796	3,51
45 a 49 anos	5.692.014	2,98	6.141.338	3,22
50 a 54 anos	4.834.995	2,53	5.305.407	2,78
55 a 59 anos	3.902.344	2,05	4.373.877	2,29
60 a 64 anos	3.044.035	1,59	3.468.085	1,82
65 a 69 anos	2.224.065	1,17	2.616.745	1,37
70 anos e mais	3.891.011	2,04	5.349.656	2,80
Totais	93.406.990	48,97	97.348.809	51,03

Fonte: IBGE (2010).

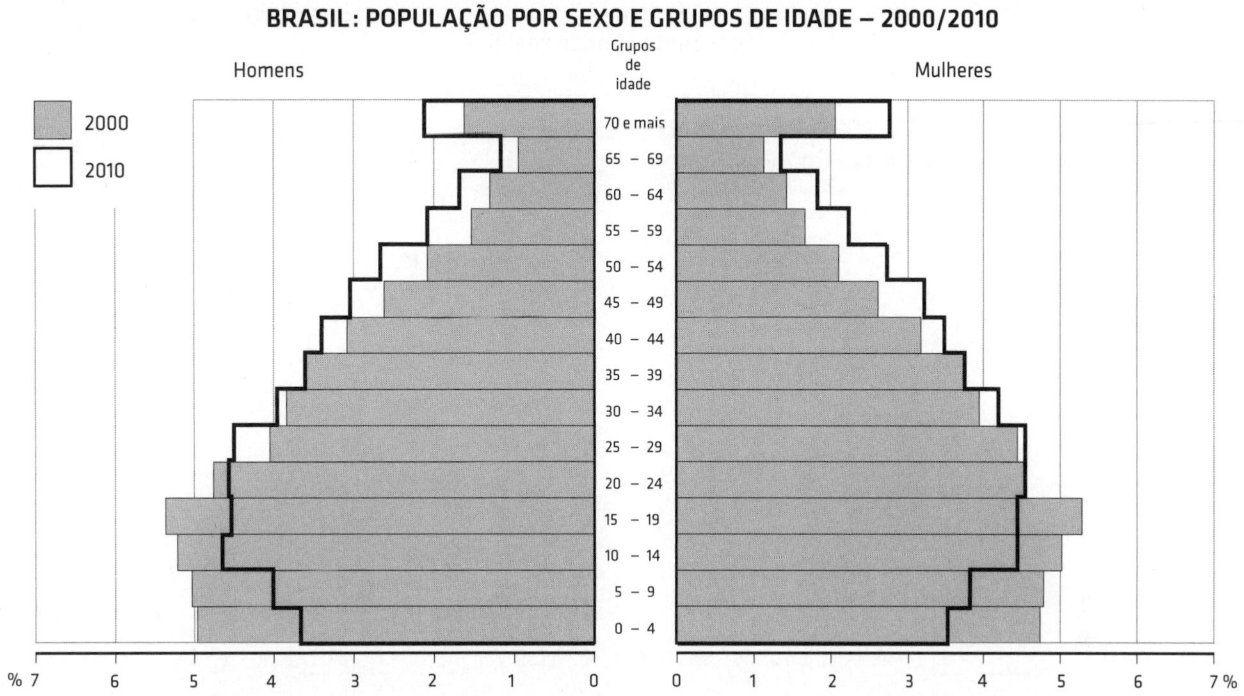

BRASIL : POPULAÇÃO POR SEXO E GRUPOS DE IDADE – 2000/2010

Fig. 3.22 Pirâmides de idades superpostas
Fonte dos dados: IBGE (2000, 2010).

Tab. 3.12 Brasil: variação da população por sexo e grupos de idade – 2000/2010 (em pontos porcentuais, pp)

Grupos de idade	Homens	Mulheres
	Variação em pp	Variação em pp
0 a 4 anos	−1,22	−1,19
5 a 9 anos	−0,94	−0,94
10 a 14 anos	−0,59	−0,62
15 a 19 anos	−0,82	−0,83
20 a 24 anos	−0,21	−0,25
25 a 29 anos	0,43	0,04
30 a 34 anos	0,30	0,28
35 a 39 anos	0,04	0,02
40 a 44 anos	0,30	0,31
45 a 49 anos	0,50	0,57
50 a 54 anos	0,52	0,63
55 a 59 anos	0,53	0,61
60 a 64 anos	0,32	0,38
65 a 69 anos	0,20	0,23
70 anos e mais	0,43	0,67

Fonte: IBGE (2000, 2010).

O gráfico para a comparação dos saldos negativos e positivos das diversas faixas etárias, para homens e mulheres, no período entre 2000 e 2010 é apresentado na Fig. 3.23.

O uso comparativo entre pirâmides de idades: leitura, análise e interpretação

Ao comparar pirâmides de lugares, territórios ou datas diferentes, é necessário considerar valores porcentuais que as deixam com a mesma superfície e confrontar as formas que as caracterizam. Entretanto, nessa comparação, convém mais apreciar as diferenças que ocorreram, verificando em cada sexo as variações, positivas e negativas, em pontos porcentuais.

A variação da população brasileira por sexo e grupos de idade no período entre 2000 e 2010 mostra que houve uma diminuição nas faixas das crianças e jovens e um aumento nas faixas dos adultos e idosos. Essa constatação revela mudanças sensíveis no comportamento da evolução (queda da natalidade e aumento da expectativa de vida), além de um sensível incremento de idosos do sexo feminino.

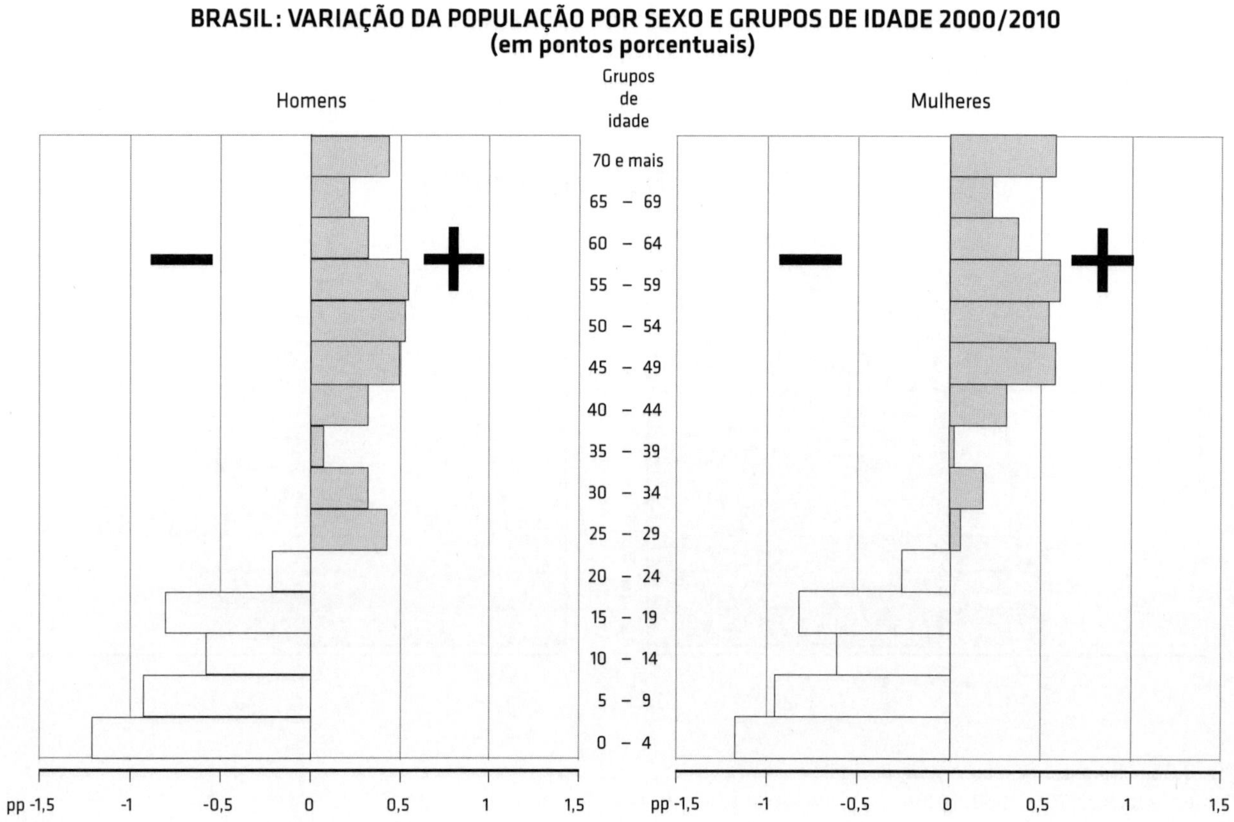

BRASIL: VARIAÇÃO DA POPULAÇÃO POR SEXO E GRUPOS DE IDADE 2000/2010
(em pontos porcentuais)

Fig. 3.23 Um mesmo gráfico para comparar os saldos negativos e positivos por faixas etárias para homens e mulheres
Fonte dos dados: IBGE (2000, 2010).

Gráficos de linhas

São gráficos fáceis de elaborar. As correspondências determinam pontos, e basta uni-los por uma linha contínua, quebrada ou polida. São ideais para a representação de séries cronológicas, razão pela qual são chamados de gráficos evolutivos.

Seja a representação da série cronológica de uma tabela em que as datas dos censos estão nas linhas da primeira coluna, e as respectivas populações, nas linhas da segunda coluna, em correspondência com a primeira (Tab. 3.13 e Fig. 3.24). O papel do gráfico é mostrar as correspondências entre as datas e as populações. Note-se que as datas (o tempo) sempre se apresentam numa progressão ordenada, portanto essa sequência terá que ser obedecida. Essas correspondências serão "vistas" mediante pontos que se localizam a diferentes distâncias (tamanhos) a partir da referência básica (o eixo horizontal), e esses pontos poderão ser unidos por uma linha contínua, quebrada ou polida, para salientar o andamento do fenômeno ao longo do tempo.

Os gráficos evolutivos também podem ser resolvidos por meio de colunas (Tab. 3.14 e Fig. 3.25). Essa solução é particularmente indicada quando se considera que os dados foram tomados no início, no fim ou no meio de cada ano, o que caracteriza uma sucessão discreta. Outra maneira de proceder seria com barras, mas esse recurso não convém, pois a leitura das datas à frente do eixo vertical junto a cada barra não seria, de forma plausível, condizente com a praxe da sequência linear horizontal do tempo.

A representação por linha é mais apropriada quando se acredita que a evolução seja constante no curso de cada período, mês, ano ou década, tendo-se, assim, uma progressão contínua.

CAPÍTULO 3 | OS GRÁFICOS

Tab. 3.13   Brasil: população residente – 1960/2010

Datas	População
1960	70.070.457
1970	93.139.037
1980	119.002.706
1991	146.825.475
2000	169.799.170
2010	190.755.799

Fonte: IBGE (2010).

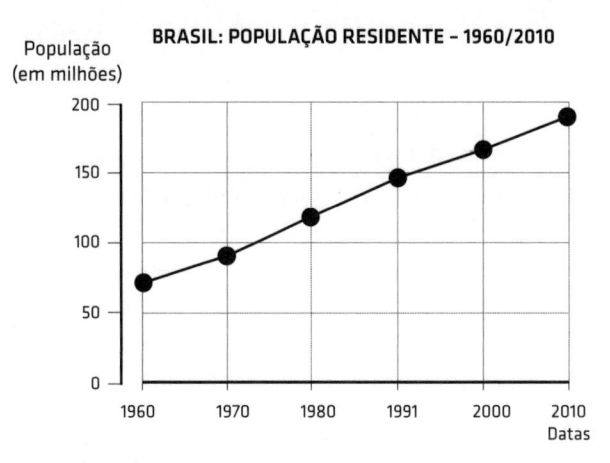

Fig. 3.24 Gráfico de linhas para o andamento de uma evolução
Fonte dos dados: IBGE (2010).

Tab. 3.14   Brasil: população residente – 1960/2010

Datas	População
1960	70.070.457
1970	93.139.037
1980	119.002.706
1991	146.825.475
2000	169.799.170
2010	190.755.799

Fonte: IBGE (2010).

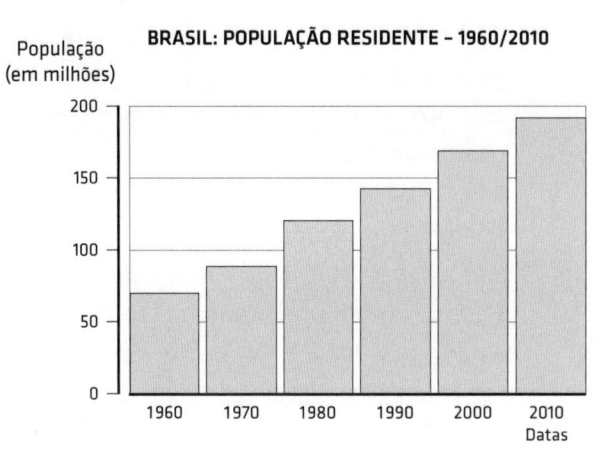

Fig. 3.25 Gráfico de colunas para uma evolução
Fonte dos dados: IBGE (2010).

Gráficos de linhas comparando duas ou mais evoluções

Na comparação de duas ou mais evoluções (séries temporais), podem-se considerar gráficos com dois tipos de escala:

a) *Escala aritmética* (papel milimetrado) – Permite visualizar as variações absolutas, ressaltando as quantidades que se adicionam ou se subtraem. É válida para a comparação de evoluções expressas por unidades de mesma grandeza. No gráfico aritmético, fica evidente o quanto aumentou ou diminuiu, por exemplo, o número de habitantes de uma cidade em cada etapa de um determinado período.

b) *Escala logarítmica* (papel mono-log) – Possibilita detectar as variações relativas, ressaltando as diferenças relativas. Essa escala permite enfatizar a comparação de evoluções muito discrepantes, como a produção nacional e a de uma pequena empresa, e pode ser utilizada para a comparação de evoluções expressas em grandezas diferentes (toneladas, hectolitros, número de cabeças de gado etc.).

No gráfico mono-log, somente a inclinação das linhas é significativa, mostrando a progressão, isto é, a taxa de variação maior ou menor, positiva ou negativa. Dois trechos paralelos representam a mesma taxa de acréscimo ou decréscimo, ou seja, os mesmos ritmos de crescimento ou decréscimo. Para avaliá-los, pode-se apor ao gráfico um leque de inclinações em porcentagem que servirá de referência para comparar com as inclinações das linhas do gráfico, obtendo-se uma plausível leitura.

Cada tipo de escala tem um suporte adequado. Na escala aritmética, utiliza-se o papel milimetrado, e na escala logarítmica, o papel mono-log:

a) *Papel milimetrado*

Apresenta-se com divisões equidistantes em milímetros, reforçadas a cada 5 mm e 10 mm. A escala vertical começa do zero, progredindo sucessivamente em intervalos iguais (Fig. 3.26).

b) *Papel mono-log*

Apresenta-se com intervalos equidistantes entre as linhas verticais e divisões em progressão logarítmica nas linhas horizontais. Essas divisões repetem-se em blocos semelhantes chamados módulos.

A escala vertical vai de 1 (não existe o zero) a 10, no primeiro módulo; de 10 a 100, no segundo; de 100 a 1.000, no terceiro, e assim por diante (Fig. 3.27).

Pode-se anexar o leque de inclinações em porcentagem das variações positivas ou negativas para servir de referência na leitura dos gráficos (Fig. 3.28).

A seguir, serão apresentados exemplos hipotéticos bastante simples que mostrarão as duas maneiras de comparar evoluções: a evolução P, que de 2 foi para 4 no período entre 2000 e 2010, e a evolução S, que de 4 foi para 8 no mesmo período.

No exemplo 1, a construção gráfica na escala aritmética enaltece as variações absolutas:

P foi de 2 para 4 – houve um acréscimo de 2: $4 - 2 = 2$

S foi de 4 para 8 – houve um acréscimo de 4: $8 - 4 = 4$

O gráfico da Fig. 3.29 evidencia esses acréscimos.

No exemplo 2, a construção gráfica na escala logarítmica evidencia as variações relativas:

P foi de 2 para 4 – dobrou (+100%): $\frac{4-2}{2} = 1$ x 100%

S foi de 4 para 8 – dobrou (+100%): $\frac{8-4}{4} = 1$ x 100%

O gráfico da Fig. 3.30 mostra que as duas variações tiveram a mesma taxa de variação, 100%, tendo as linhas resultado paralelas.

Para mostrar o emprego comparativo dessas duas escalas em gráficos que registram várias evoluções, serão apresentados gráficos referentes à evolução demográfica brasileira de 1960 a 2010, cujos dados aparecem na Tab. 3.15 (Figs. 3.31 e 3.32).

Na comparação dos andamentos de duas operações opostas em determinado período, como importações e exportações, deve haver duas linhas para mostrar os períodos de *superavit* e de *deficit* de uma balança comercial.

Gráficos de linhas conjugados com gráficos de colunas: o gráfico termopluviométrico

Os gráficos de linhas são também proveitosamente explorados de forma conjugada com os gráficos de colunas. A aplicação mais difundida dessa combinação é o gráfico termopluviométrico, também chamado de ombrotérmico, em que a temperatura, por ser contínua, é representada por linha, e a precipitação, por ser acumulativa, é representada por colunas.

O gráfico termopluviométrico considera a escala das precipitações à esquerda e a das temperaturas à direita. Segundo a proposta de Gaussen e Bagnouls (1953), a cada 1 °C de temperatura devem corresponder 2 mm de precipitação. O gráfico assim elaborado pode mostrar contrastes entre períodos secos e úmidos. Quando a curva da temperatura estiver acima da silhueta das colunas da precipitação, indicará estação seca no período, como no exemplo apresentado na Tab. 3.16 e na Fig. 3.33.

Esse gráfico, assim resolvido, permite ainda a comparação entre vários regimes climáticos em vista de uma tipologia.

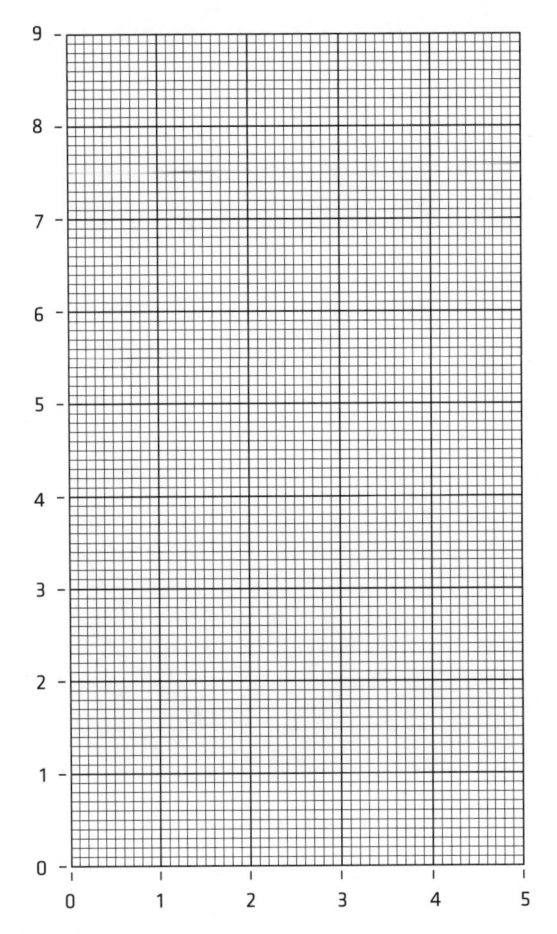

Fig. 3.26 Papel milimetrado

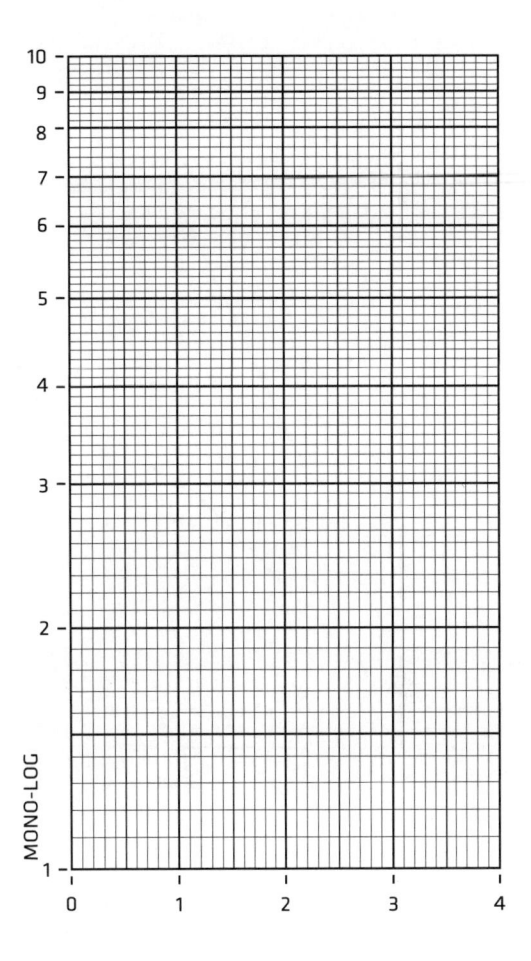

Fig. 3.27 Papel mono-log

O uso dos gráficos de linhas: leitura, análise e interpretação

Os gráficos de linhas são fáceis de serem lidos, analisados e interpretados. Como são recomendados para representar fenômenos evolutivos, neles se devem notar os pontos mais evidentes, o máximo e o mínimo, e se aconteceram mudanças bruscas ao longo do tempo. Deve-se também avaliar se existe uma tendência geral crescente ou decrescente ou se o fenômeno permanece praticamente estável, bem como verificar se aparecem possíveis ciclos periódicos e, nesse caso, a que período cada um se refere.

Quando existe mais de uma linha, deve-se verificar a correlação (direta ou inversa) ou a indiferença entre os andamentos dos fenômenos abordados.

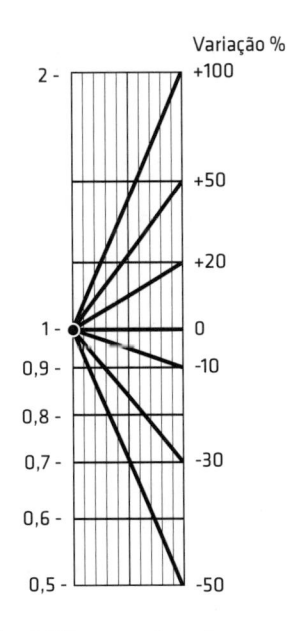

Fig. 3.28 Leque de inclinações em porcentagem das variações positivas (+) ou negativas (−)

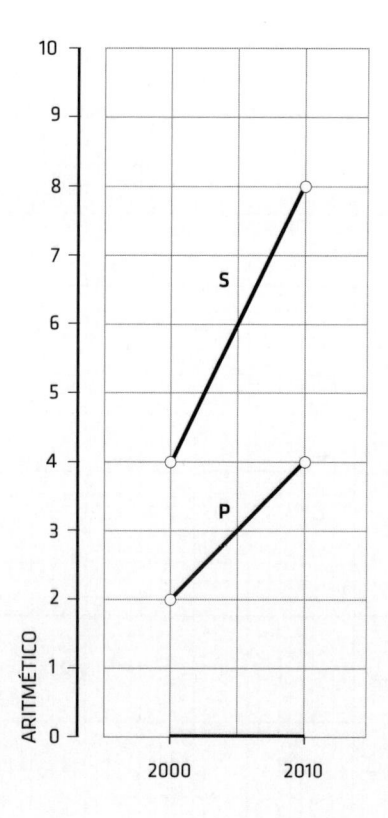

Fig. 3.29 Gráfico de linhas na escala aritmética (exemplo 1)

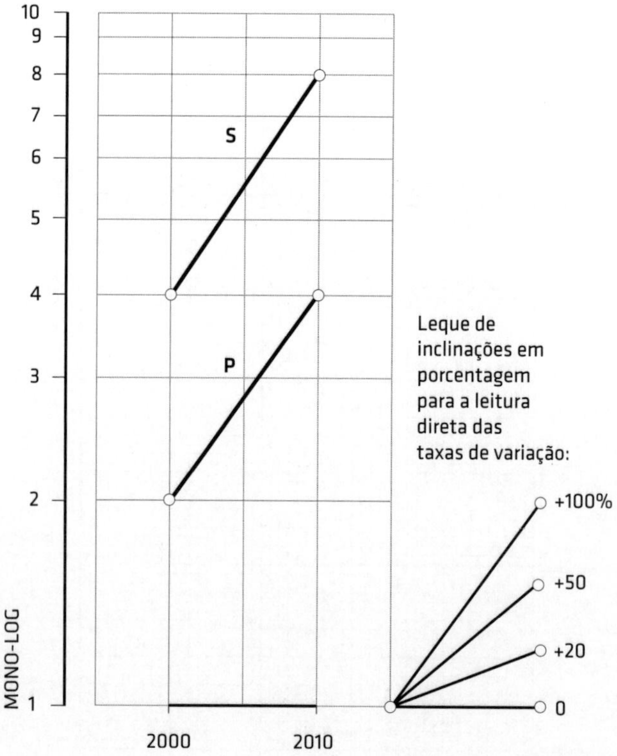

Fig. 3.30 Gráfico de linhas na escala logarítmica (exemplo 2)

Tab. 3.15 Brasil: evolução demográfica – 1960/2010

Censos	População total	População urbana	População rural
1960	70.070.457	31.504.817	38.565.640
1970	93.139.037	52.084.984	41.054.053
1980	119.002.706	80.436.409	38.566.297
1991	146.825.475	110.990.990	35.834.485
2000	169.799.170	137.953.959	31.845.211
2010	190.755.799	160.925.792	29.830.007

Fonte: IBGE (2010).

Nesse intento, já foi visto que convém que os gráficos sejam construídos na escala logarítmica (papel mono-log), uma vez que, dessa forma, seriam visualizadas as variações relativas, facilitando as comparações. Nos trechos em que as linhas são paralelas, ocorre a mesma taxa de acréscimo ou decréscimo. A leitura dessa variação pode ser feita mediante o leque de inclinações em porcentagem aposto ao gráfico.

Quando são elaborados de forma combinada com os gráficos de colunas, os gráficos de linhas também se prestam a comparações e análises, como é o caso do gráfico termopluviométrico. Ao serem elaborados com escalas convenientes para as temperaturas e as precipitações, esses gráficos podem revelar os contrastes entre os períodos secos e úmidos, demonstrando onde se situa a estação seca.

CAPÍTULO 3 | OS GRÁFICOS

BRASIL: EVOLUÇÃO DEMOGRÁFICA – 1960/2010

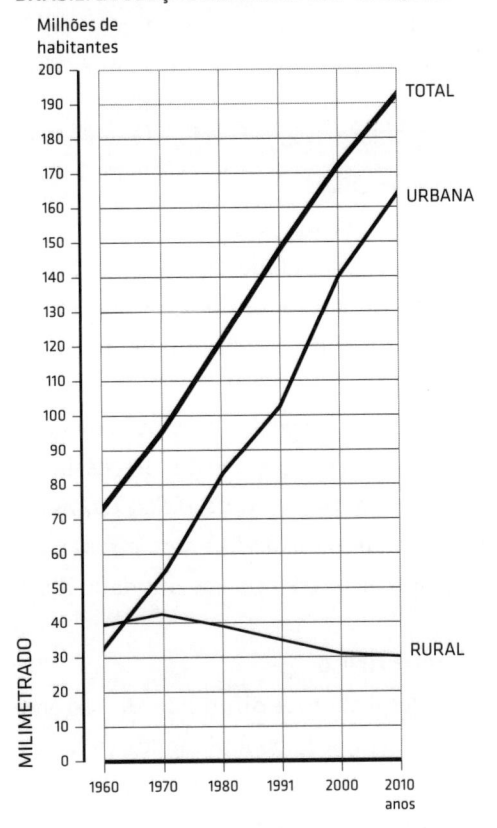

Fig. 3.31 Gráfico de linhas na escala aritmética
Fonte dos dados: IBGE (2010).

BRASIL: EVOLUÇÃO DEMOGRÁFICA – 1960/2010

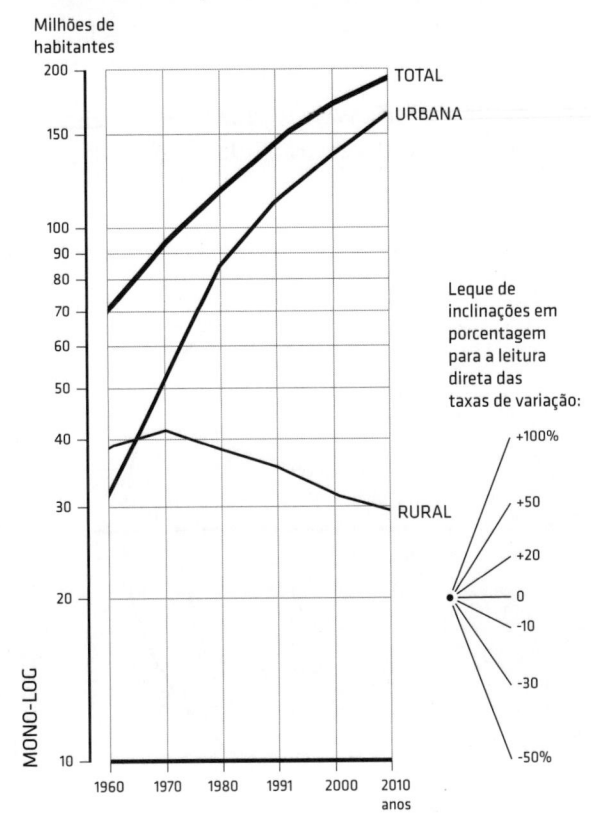

Fig. 3.32 Gráfico de linhas na escala logarítmica
Fonte dos dados: IBGE (2010).

Tab. 3.16 Catanduva (SP): temperatura e precipitação – 1992

Mês	Temperatura média (°C)	Precipitação média (mm)
Janeiro	24,8	246,6
Fevereiro	25,0	205,9
Março	24,7	165,4
Abril	22,2	67,9
Maio	20,6	53,2
Junho	18,0	22,9
Julho	19,1	22,7
Agosto	21,1	27,0
Setembro	22,8	57,2
Outubro	23,2	113,8
Novembro	24,6	133,7
Dezembro	22,8	221,9

Fonte: DNM (1992).

CATANDUVA (SP): TEMPERATURA E PRECIPITAÇÃO - 1992

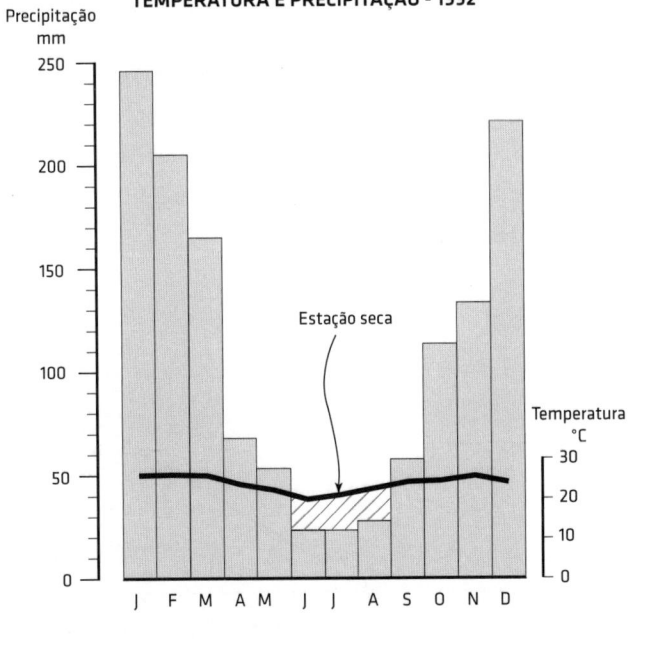

Fig. 3.33 Gráfico termopluviométrico
Fonte dos dados: DNM (1992).

3.2.2 O sistema polar

O sistema polar apoia-se numa base circular com circunferências concêntricas e equidistantes de cujo centro comum irradiam eixos com mesmo distanciamento angular (Fig. 3.34).

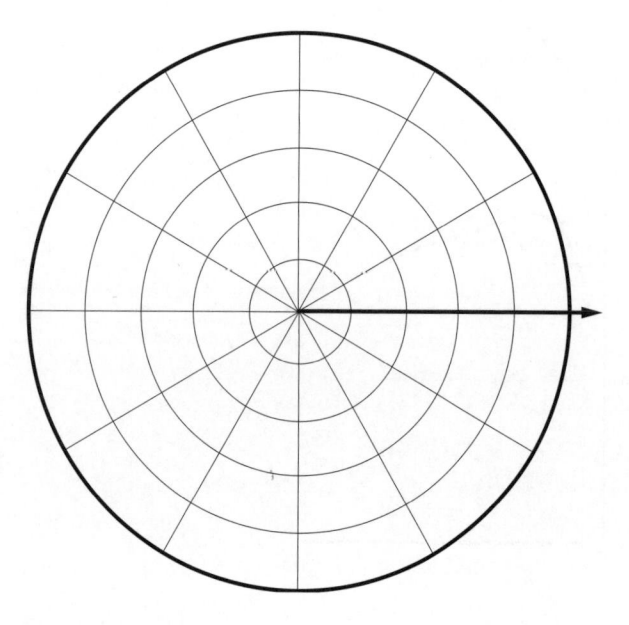

Fig. 3.34 Base circular

Ele foi estabelecido por Newton em 1671, tendo Bernoulli apresentado uma derivação em 1691. Esse sistema considera uma distância, denominada *raio vetor*, a partir de uma origem fixa no *eixo polar*, chamada de *polo*, que forma com esse mesmo eixo um ângulo denominado ângulo polar.

Assim, nesse sistema, o ponto que define a correspondência é determinado por meio do raio vetor e do ângulo polar (Fig. 3.35).

Como já anunciado, para tornar mais fácil a elaboração dos gráficos nesse sistema, pode-se considerá-los sobrepostos a um conjunto de circunferências concêntricas e equidistantes de cujo centro comum irradiam eixos com mesmo distanciamento angular.

Os gráficos construídos nesse sistema são ideais para representar fenômenos cíclicos (se repetem depois de certo tempo) e direcionais (consideram as direções e sentidos apoiados na rosa dos ventos).

Esse sistema também será básico para a elaboração dos setogramas, em que não há a necessidade de variação do raio vetor, contando-se somente com o ângulo polar para dividir um círculo em partes proporcionais às parcelas de um dado total.

O gráfico polar cíclico

Uma aplicação bastante difundida do sistema polar na representação de fenômenos cíclicos é a que mostra, combinadamente, a precipitação e a temperatura. A precipitação é representada por colunas irradiantes de um círculo central de base, enquanto a temperatura é indicada por uma linha quebrada ou polida, contínua e fechada.

Os que adotam essa modalidade de gráfico veem vantagens sobre o gráfico cartesiano convencional, apontando que o sistema polar tem a capacidade de mostrar as mudanças sazonais em continuidade, passando de um ano para outro sem interrupção: ao findar o ano, em dezembro, há, logo em seguida, janeiro, que inicia novo ano,

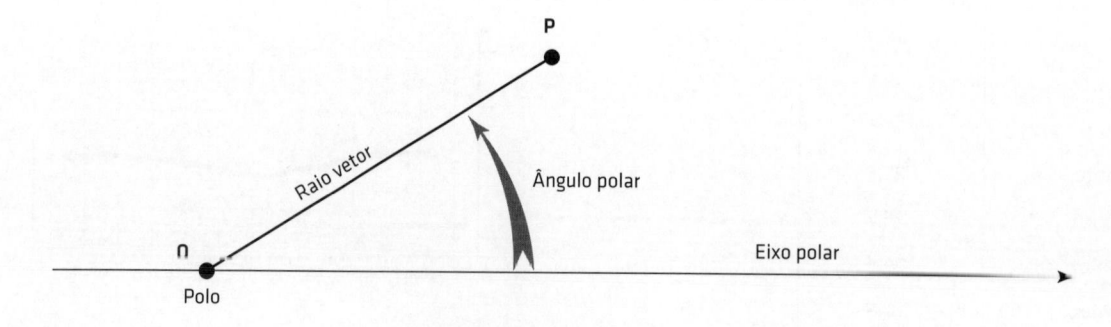

Fig. 3.35 Raio vetor e ângulo polar que definem a posição do ponto P no plano

sendo possível ressaltar, por exemplo, que o período de chuvas e altas temperaturas concentra-se no fim de um ano e no início do seguinte, sem quebrar a continuidade do fenômeno.

Tomando-se os mesmos dados da tabela anteriormente apresentada para o gráfico termopluviométrico, os quais serão exibidos novamente na Tab. 3.17, será construído o gráfico da Fig. 3.36.

O uso do gráfico polar cíclico: leitura, análise e interpretação

O gráfico polar cíclico, quando aplicado para a representação combinada da precipitação e da temperatura, tem a vantagem de mostrar as mudanças sazonais desses elementos climáticos sem quebra de continuidade, passando de um ano para outro sem interrupção.

Se, por exemplo, houver coincidência da época das chuvas com o verão no Hemisfério Sul, o gráfico terá a capacidade de ressaltar a continuidade dos altos valores de chuvas e temperaturas no período que vai de dezembro de um ano a fevereiro do ano seguinte.

O gráfico polar cíclico: o calendário do ciclo vegetativo

Outra aplicação amplamente divulgada do gráfico polar cíclico é a representação do calendário do ciclo vegetativo das culturas. Coroas circulares concêntricas mostram, em setores diferenciados, os períodos de plantio, crescimento e colheita das diversas culturas ao longo do ano, períodos esses que ainda podem ser comparados com as chuvas, representadas por meio de colunas radiais em porcentagem, ressaltando, assim, a característica de sua sazonalidade.

O calendário do ciclo vegetativo das principais culturas do Estado de São Paulo coloca as culturas em correspondência com suas respectivas épocas de plantio e colheita (Tab. 3.18 e Fig. 3.37). O período intercalar pode ser considerado como aquele do desenvolvimento da planta.

A tabela básica dos dados contém, nas linhas, as culturas, e, nas colunas, as respectivas épocas de plantio e colheita. Como a esse calendário também pode ser associado o regime anual das

Tab. 3.17   Catanduva (SP): temperatura e precipitação – 1992

Mês	Temperatura média (°C)	Precipitação média (mm)
Janeiro	24,8	246,6
Fevereiro	25,0	205,9
Março	24,7	165,4
Abril	22,2	67,9
Maio	20,6	53,2
Junho	18,0	22,9
Julho	19,1	22,7
Agosto	21,1	27,0
Setembro	22,8	57,2
Outubro	23,2	113,8
Novembro	24,6	133,7
Dezembro	22,8	221,9

Fonte: DNM (1992).

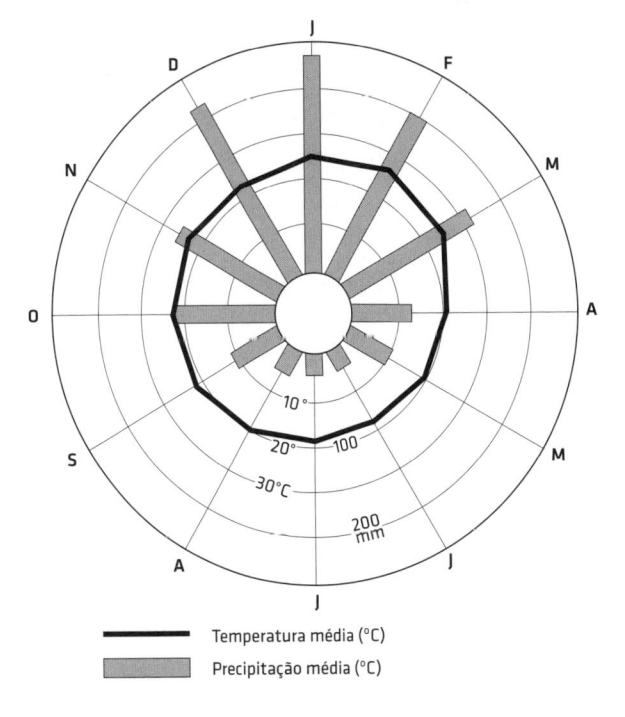

Fig. 3.36 Gráfico polar cíclico da temperatura e precipitação
Fonte dos dados: DNM (1992).

Tab. 3.18 Calendário do ciclo vegetativo das principais culturas do Estado de São Paulo

Cultura	Época de plantio			Época de colheita		
Milho	1/10	–	31/10	1/5	–	31/5
Algodão	1/10	–	5/11	1/3	–	31/7
Arroz	15/9	–	15/10	10/3	–	15/4
Mamona	15/9	–	15/10	15/2	–	15/3
Amendoim	15/9	–	15/10	15/12	–	15/1
Feijão (águas)	1/9	–	15/10	15/12	–	15/1
Feijão (seca)	15/1	–	28/2	15/4	–	15/6
Mandioca (1)	1/4	–	31/7	1/4	–	31/7
Soja	1/11	–	30/11	1/4	–	31/5
Cana-de-açúcar (2)	15/1	–	15/3	1/7	–	31/10
Batata (águas)	1/2	–	31/3	1/5	–	30/6
Batata (seca)	1/8	–	30/9	1/11	–	31/12
Trigo	1/3	–	30/4	1/7	–	15/9

Porcentagens mensais de chuva (%)

Jan.	Fev.	Mar.	Abr.	Mai.	Jun.	Jul.	Ago.	Set.	Out.	Nov.	Dez.
18,6	15,3	12,7	5,3	3,1	2,2	1,7	1,8	4,7	9,5	11,3	13,8

Fonte: Schröder (1956).

Notas:
1. Há superposição dos períodos de colheita e plantio. O período de desenvolvimento completa o ciclo.
2. A cana-de-açúcar permanece no solo também no período de 1/11 a 15/1, fechando o ciclo.

chuvas, a tabela é complementada pelos dados desse regime, isto é, pelas porcentagens mensais das precipitações.

O uso do calendário do ciclo vegetativo: leitura, análise e interpretação

A aplicação do gráfico polar cíclico ao calendário do ciclo vegetativo das culturas de determinado lugar ou território mostra claramente o aspecto periódico e cíclico das épocas de plantio, de desenvolvimento das plantas e de colheita, possibilitando comparações e interpretações. O calendário agrícola para o Estado de São Paulo revela que o ano agrícola vai de setembro até agosto.

É na metade de setembro que começa a mudar o tempo, iniciando o período das chuvas: o agricultor prepara, então, a terra e inicia a semeadura. Esse período pode ser facilmente controlado examinando-se o gráfico da distribuição porcentual das chuvas durante o ano, situado no centro do calendário.

O gráfico polar direcional

A aplicação mais específica dessa modalidade de gráfico polar é a elaboração da rosa dos ventos, que pode ser de dois tipos: simples e composta.

Essas representações também são chamadas de anemogramas, e tomam por base a própria rosa dos ventos das orientações, estrela cujas pontas indicam as direções cardeais, colaterais e subcolaterais (Fig. 3.38).

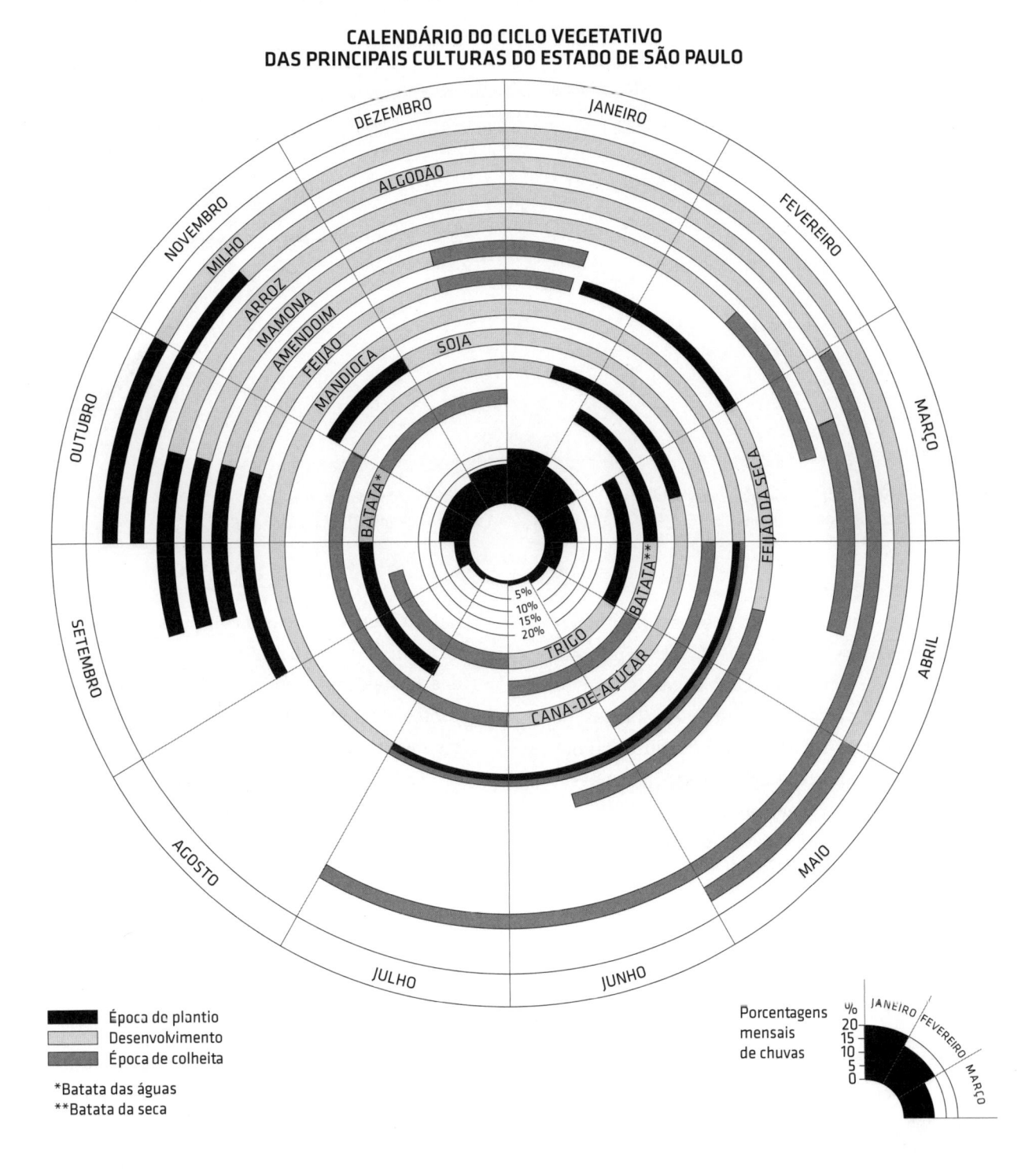

**CALENDÁRIO DO CICLO VEGETATIVO
DAS PRINCIPAIS CULTURAS DO ESTADO DE SÃO PAULO**

Época de plantio
Desenvolvimento
Época de colheita

*Batata das águas
**Batata da seca

Porcentagens mensais de chuvas

Fig. 3.37 Gráfico polar cíclico
Fonte: Schröder (1956).

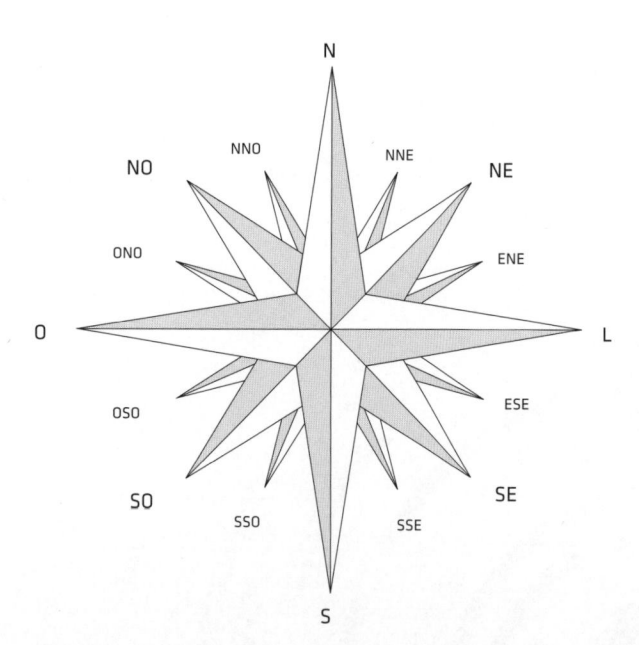

Fig. 3.38 Rosa dos ventos para as direções cardeais, colaterais e subcolaterais

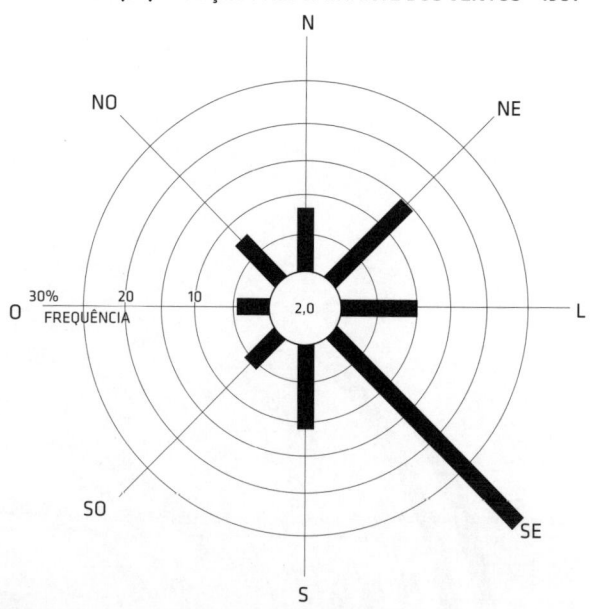

Fig. 3.39 Gráfico polar direcional
Fonte dos dados: DAEE (1981).

A rosa dos ventos simples

É o gráfico que representa apenas a frequência e a calmaria dos ventos. De uma circunferência central, dentro da qual se registram as calmarias em dígitos, irradiam-se hastes de comprimento proporcional à frequência dos ventos provindos das várias direções da bússola, sejam as cardeais ou as colaterais, para determinado lugar, aquele das observações, que é o centro do construto.

Seja a Tab. 3.19, referente à direção predominante dos ventos de Ibitinga (SP), com base na qual será construído o gráfico correspondente, uma rosa dos ventos simples (Fig. 3.39).

A rosa dos ventos composta

É o gráfico que inclui, além da representação das frequências, o registro da velocidade dos ventos. Há várias maneiras de elaborar esse anemograma, sendo a mais convencional (utilizada nas cartas sinóticas de previsão do tempo) a que acrescenta, às extremidades das hastes representativas da frequência dos ventos, pequenos sinais que compõem os valores das velocidades em nós, segundo a escala de Beaufort: um colchete vale 10 nós; meio colchete, 5 nós; e uma flâmula, 50 nós. Para o Hemisfério Sul, esses elementos gráficos devem ficar sobre as hastes e ser orientados no sentido anti-horário, como indicado na Fig. 3.40. A representação presente nessa figura significa: vento de sudoeste, velocidade de 65 nós e frequência de 22%.

Outra maneira de preparar esse gráfico é a que considera o acréscimo de uma ordem crescente de valores visuais dentro das hastes, em classes de velocidades de ventos.

Seja a Tab. 3.20, em que são apresentadas a frequência (ou direção predominante) e

Tab. 3.19 Ibitinga (SP): direção predominante dos ventos – 1981

Direções	N	NE	L	SE	S	SO	O	NO	Calmarias
Frequência %	8,3	14,4	10,2	36,3	11,3	5,6	4,5	7,6	2,0

Fonte: DAEE (1981).

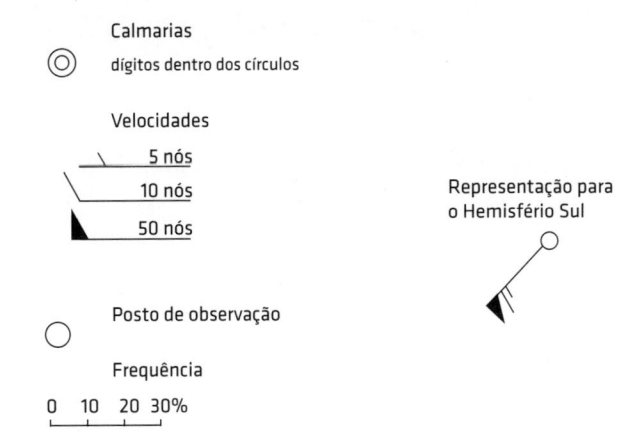

Fig. 3.40 Convenções da carta sinótica

a velocidade dos ventos, também denominada intensidade dos ventos, para o posto de Ibitinga (SP). Para ressaltar melhor as velocidades, serão consideradas as classes de 1,0 m/s a 1,8 m/s; de 1,9 m/s a 2,2 m/s; e de 2,3 m/s a 2,6 m/s. O gráfico resultante é mostrado na Fig. 3.41.

O uso do gráfico polar direcional: leitura, análise e interpretação

O gráfico polar direcional tem aplicação na construção das rosas dos ventos ou anemogramas, como foi apresentado.

Tab. 3.20 Ibitinga (SP): direção predominante e velocidade média dos ventos – 1981

Direções	N	NE	L	SE	S	SO	O	NO	Calmarias
Frequência	8,3	14,4	10,2	36,3	11,3	5,6	4,5	7,6	2,0
Velocidade (m/s)	2,2	2,1	1,9	2,6	2,4	1,8	2,0	2,2	—

Fonte: DAEE (1981).

IBITINGA (SP): DIREÇÃO PREDOMINANTE E VELOCIDADE MÉDIA DOS VENTOS – 1981

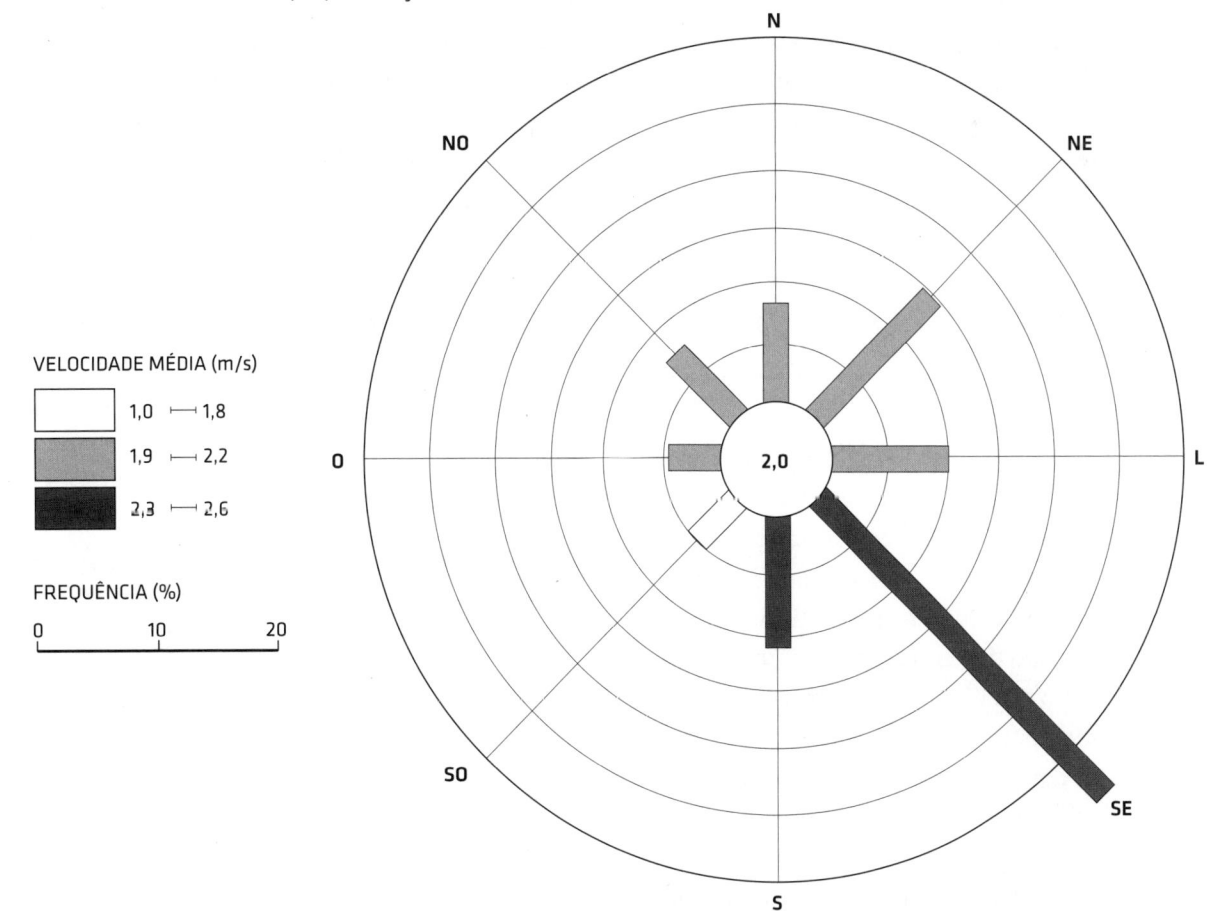

Fig. 3.41 Gráfico polar direcional
Fonte dos dados: DAEE (1981).

A análise da rosa dos ventos simples, construída por hastes de comprimento proporcional à frequência dos ventos provindos das várias direções, identifica imediatamente quais são os ventos prevalecentes.

A rosa dos ventos composta possibilita uma análise mais completa do fenômeno, revelando, além dos ventos prevalecentes (com frequência maior em certa direção e sentido), os ventos dominantes, ou seja, os de maior intensidade e, portanto, maior velocidade.

O setograma

Inventado por William Playfair em 1805, o setograma constitui a representação ideal para comparar parcelas com o total. Essa espécie de gráfico utiliza como base um círculo de raio qualquer, representativo do total, que é dividido em setores circulares proporcionais às parcelas.

Sua construção é simples: o total corresponde a 360°, portanto o cálculo para cada setor circular será feito por uma regra de três simples:

Total .... 360°
Parcela .... X°

donde: $X° = \dfrac{Parcela \times 360°}{Total}$

A divisão do círculo será feita com o transferidor. Inicia-se no alto e segue-se o sentido horário, de preferência colocando os setores em ordem decrescente, salvo nos casos em que a nomenclatura segue uma sequência já estabelecida.

Quando os dados são fornecidos em porcentagem, basta considerar que cada 1% corresponde a 3,6°. Pode-se também construir um "transferidor" especial – o círculo das porcentagens –, que nada mais é do que o círculo dividido em cem partes (Fig. 3.42). Esse instrumento é reajustado no 0% a cada início de novo setor a ser medido, sempre no sentido horário.

Seja uma série específica que completa a apresentação dos dados com sua soma total e as respectivas porcentagens (Tab. 3.21). Sua represen-

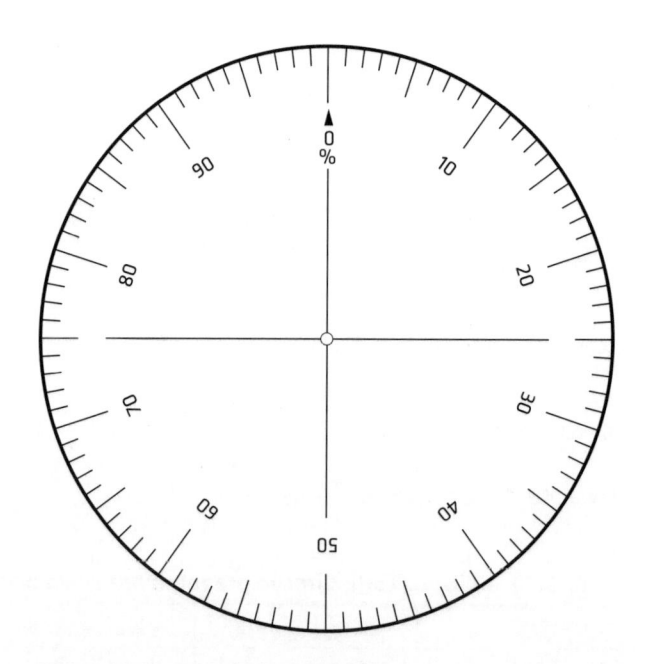

Fig. 3.42 Círculo das porcentagens

tação gráfica por meio do setograma considerará, como visto anteriormente, um círculo de tamanho qualquer representativo do total (100%), o qual será dividido em setores proporcionais às parcelas, apresentadas na tabela em porcentagem, o que facilita essa divisão. Para identificar as parcelas, será necessário ou inscrever o nome das espécies diretamente sobre o gráfico ou estabelecer uma *legenda*, distinguindo-as por uma variação visual qualitativa, por meio de cores ou texturas diferenciadas.

A primeira alternativa não é recomendada, pois pode introduzir um "ruído" visual à clareza do gráfico, a não ser que as inscrições se distribuam externamente, à sua volta. A opção será, portanto, pela elaboração do setograma com legenda (Fig. 3.43).

Tab. 3.21 Brasil: área dos estabelecimentos agropecuários segundo as modalidades de utilização das terras – 2006

Utilização das terras	Área (ha)	%
Lavouras permanentes	11.612.227	3,74
Lavouras temporárias	48.234.391	15,43
Pastagens	158.753.866	50,79
Matas	93.902.304	30,04
Total	312.582.788	100,00

Fonte: IBGE (2006).

BRASIL: ÁREA DOS ESTABELECIMENTOS AGROPECUÁRIOS SEGUNDO AS MODALIDADES DE UTILIZAÇÃO DAS TERRAS – 2006

[Setograma com legenda: Lavouras permanentes; Lavouras temporárias; Pastagens; Matas]

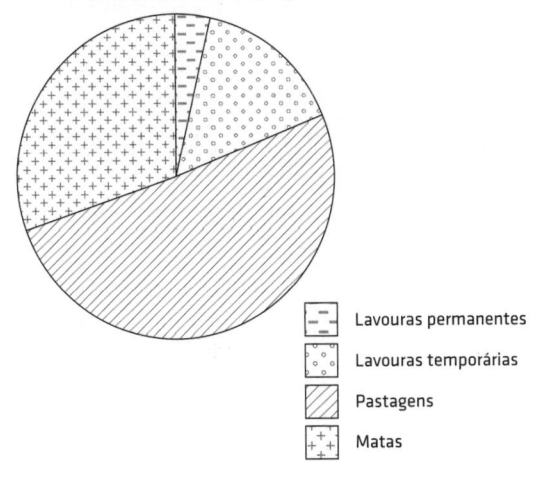

Fig. 3.43 Setograma
Fonte dos dados: IBGE (2006).

O uso do setograma: leitura, análise e interpretação

O setograma é um gráfico de leitura simples, não apresentando dificuldade em sua análise e interpretação. Seu tamanho não entra em questão. Valem apenas os tamanhos dos setores circulares em que o todo se divide. Entretanto, ele necessita de uma legenda para identificar os componentes do total abordado. Ficará fácil visualizar os grandes contrastes, as oposições e as complementaridades, ressaltando-se as participações relativas dentro do total.

Apesar de apresentarem grande simplicidade visual, os setogramas tornam-se pouco eficazes quando se deseja controlar setores com pequenas diferenças entre si. Eles também não são de grande utilidade quando se deseja confrontar proporções entre estruturas referentes a vários lugares ou territórios; comparar proporções que compõem operações opostas, como as de importações e exportações no comércio exterior; ou analisar a evolução da estrutura de um mesmo fenômeno ao longo do tempo.

O confronto entre essas situações se dá em termos de diferenças, pequenas ou grandes, positivas ou negativas. O que interessará, portanto, será colocá-las em evidência.

Nas seções a seguir, serão feitos comentários críticos sobre o emprego de setogramas para a comparação entre estruturas referentes a vários lugares ou territórios, para o confronto de estruturas que compõem operações opostas e para a análise da evolução da estrutura de um fenômeno ao longo do tempo.

Setogramas para a comparação entre estruturas referentes a vários lugares ou territórios

Seja a representação gráfica das estruturas regionais da exploração agropecuária no Brasil para 2006, feita com base na Tab. 3.22, cuja leitura deve ser feita, nesse caso, seguindo-se as linhas.

A elaboração estipulada levaria a cinco gráficos (setogramas), um para cada Grande Região, com uma legenda em comum para identificar as três formas de utilização das terras (Fig. 3.44A).

Tab. 3.22 Brasil: utilização das terras dos estabelecimentos agropecuários segundo as Grandes Regiões – 2006

Grandes Regiões	Área dos estabelecimentos recenseados (%)				
	Lavouras permanentes	Lavouras temporárias	Pastagens	Matas	Total
Norte	3,51	4,42	50,04	42,03	100,00
Nordeste	4,91	16,28	42,68	36,13	100,00
Sudeste	7,78	17,59	53,08	21,55	100,00
Sul	3,78	34,54	39,63	22,05	100,00
Centro-Oeste	0,70	11,36	57,82	30,12	100,00

Fonte: IBGE (2006).

Fazer uma comparação com base na solução com os cinco setogramas significaria avaliar as diferenças, sejam pequenas, sejam grandes, entre os setores. Será trabalhoso verificar em quais regiões brasileiras as lavouras temporárias, as pastagens e as matas compareçam como os domínios mais representativos. Para tanto, será necessário passar para o nível de leitura elementar, de círculo para círculo, confrontando-se os respectivos setores homólogos.

Uma primeira alternativa de reconstrução para essa elaboração básica, a partir da mesma tabela, seria fazer cinco gráficos de barras, um para cada região (Fig. 3.44B). Essa escolha ocorreria porque a sucessão de barras facilita a leitura da nomenclatura escrita horizontalmente.

Nessa nova representação ficaria evidente, entre todas as regiões, num primeiro momento, a importância das pastagens, e, em segundo plano, a presença não muito expressiva das matas. Seria possível observar, ainda, certo destaque das lavouras temporárias na Grande Região Sul.

Uma segunda alternativa de nova elaboração, procurando-se evidenciar a informação contida nos dados, seria a que envolve uma permutação entre as barras dos gráficos (Fig. 3.44C). Haveria cinco gráficos, um para cada estrutura regional, organizando-se agora as formas de utilização das terras em ordem decrescente de importância, tomando-se como base aquela exibida pela Grande Região Centro-Oeste.

BRASIL: UTILIZAÇÃO DAS TERRAS DOS ESTABELECIMENTOS AGROPECUÁRIOS SEGUNDO AS GRANDES REGIÕES – 2006

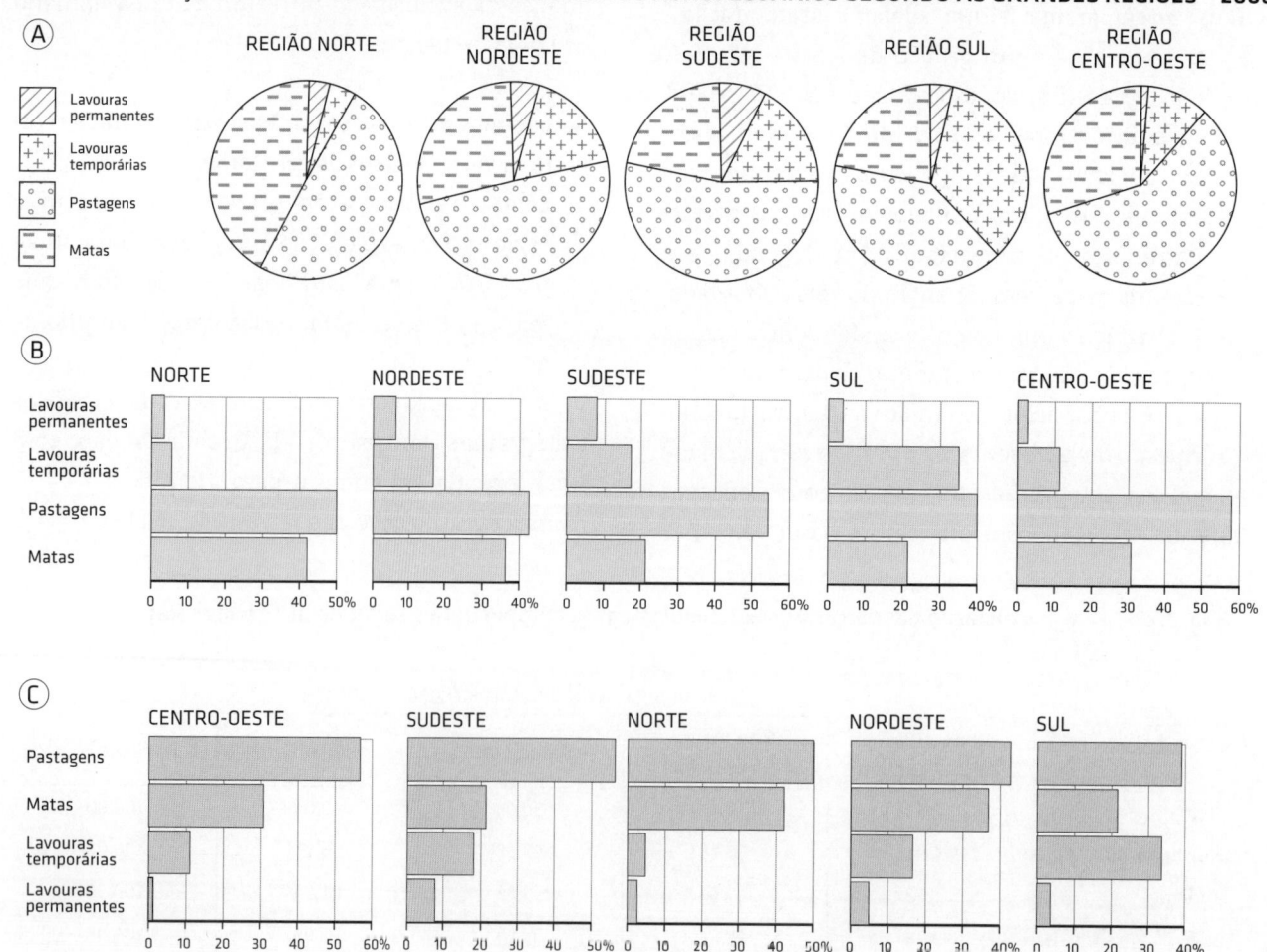

Fig. 3.44 Gráficos. (A) Solução com setogramas; (B) solução com gráficos de barras; e (C) solução com permutação entre gráficos com barras permutadas
Fonte dos dados: IBGE (2006).

Apesar de se ter experimentado essas três realizações, convém ir mais longe e mostrar o que mais interessa: como se distribui cada forma de utilização das terras entre as regiões brasileiras, obtendo-se a tipologia de cada uma delas.

Para tanto, constroem-se gráficos de barras com base nos mesmos dados da Tab. 3.22, mas agora com uma leitura seguindo as colunas, na ordem em que se apresentam as Grandes Regiões (Fig. 3.45A).

Pronta essa primeira solução, pode-se verificar que, para visualizar melhor o conjunto dos dados, convém, numa segunda solução, classificar de novo as barras desses gráficos, com nova apresentação das Grandes Regiões, de acordo com uma ordem decrescente das proporções das pastagens (Fig. 3.45B).

Uma terceira solução seria permutar convenientemente os gráficos entre si, em busca de alguma nova informação (Fig. 3.45C). Em primeiro lugar, seria colocado o gráfico das pastagens, ao qual se seguiria o das matas, o das lavouras permanentes e, por fim, o das lavouras temporárias.

Será possível ver que a última construção gráfica já revela uma tipologia das Grandes Regiões brasileiras: o Centro-Oeste e o Sudeste formam um grupo com características opostas àquele composto pelas Grandes Regiões Nordeste e Sul. A Grande Região Norte, por sua vez, apresenta uma característica singular e intermediária.

BRASIL: UTILIZAÇÃO DAS TERRAS DOS ESTABELECIMENTOS AGROPECUÁRIOS SEGUNDO AS GRANDES REGIÕES – 2006

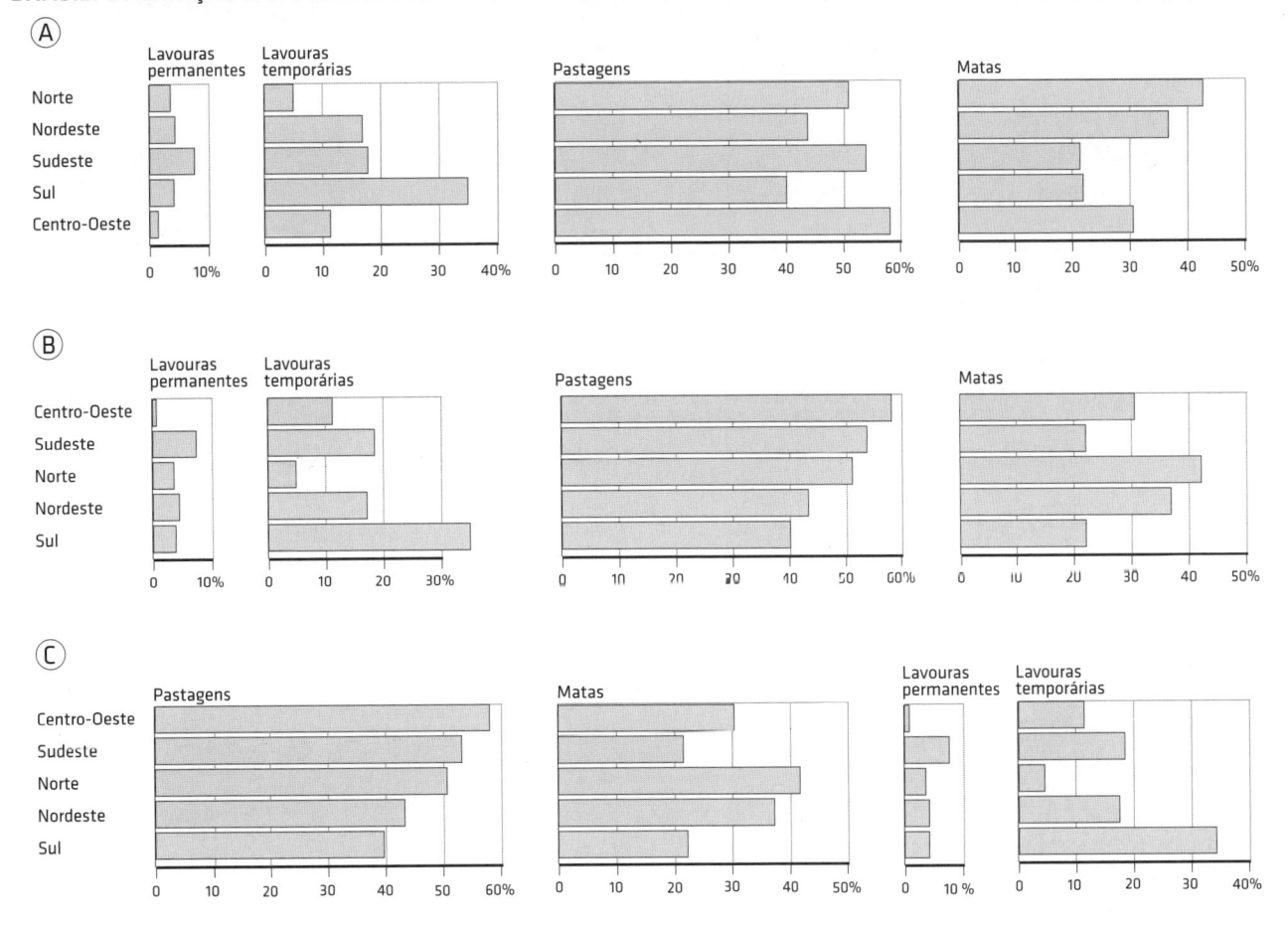

Fig. 3.45 Gráficos. (A) Solução com gráficos de barras; (B) solução com gráficos de barras permutadas; e (C) solução com permutação dos gráficos de barras entre si
Fonte dos dados: IBGE (2006).

Setogramas para a comparação entre estruturas que compõem operações opostas

A seguir, será mostrado o emprego de setogramas para comparar proporções das principais seções que compõem operações opostas, como as dos valores de exportação e importação. Isso será feito com base na Tab. 3.23, que apresenta dados porcentuais, para o ano de 2005, do comércio de mercadorias entre o Brasil e os países da Associação Latino-Americana de Integração (Aladi), que engloba Argentina, Bolívia, Brasil, Chile, Colômbia, Cuba, Equador, México, Paraguai, Peru, Uruguai e Venezuela.

Como primeira solução, dois setogramas de mesmo tamanho serão elaborados lado a lado, um referente à coluna de exportações, e o outro, à coluna de importações (Fig. 3.46). Para determinar os ângulos dos setores circulares, basta multiplicar por 3,6° cada porcentagem, como já demonstrado, ou empregar o círculo das porcentagens.

Como já se alertou, a comparação entre proporções que compõem operações opostas, como as

Tab. 3.23 Brasil: comércio de mercadorias com os países da Aladi – valor das exportações e importações em porcentagem segundo as principais seções – 2005

Principais seções	Exportação	Importação	Variação Exportação – Importação em pontos porcentuais (pp)	
	(%)	(%)	–pp	+pp
Carnes e comestíveis	18,95	0,34	–	+18,61
Café, chá e especiarias	7,04	0,09	–	+6,95
Cereais	0,53	3,43	–2,90	–
Combustíveis e óleos	18,74	48,26	–29,52	–
Produtos farmacêuticos	1,25	7,01	–5,76	–
Veículos automóveis	30,44	0,78	–	+29,66
Máquinas e aparelhos	14,33	36,78	–22,45	–
Aeronaves	8,72	3,31	–	+5,41
Total	100,00	100,00	–	–

Fonte: Aladi (2008).

BRASIL: COMÉRCIO DE MERCADORIAS COM OS PAÍSES DA ALADI – VALOR DAS EXPORTAÇÕES E IMPORTAÇÕES EM PORCENTAGEM SEGUNDO AS PRINCIPAIS SEÇÕES – 2005

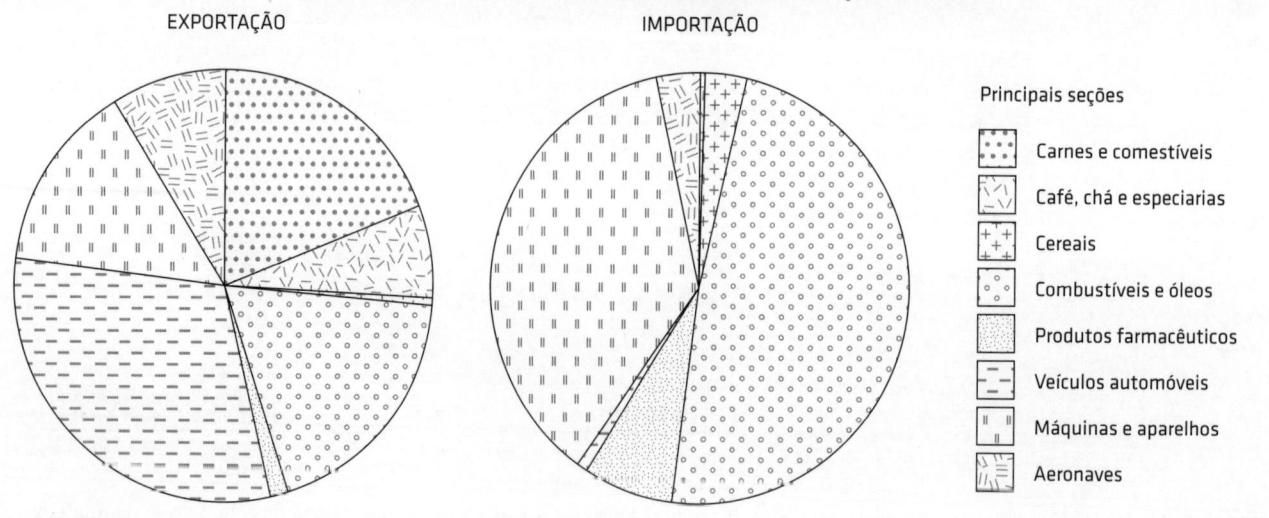

Fig. 3.46 Setogramas comparando operações opostas
Fonte dos dados: Aladi (2008).

de exportação e importação, representadas em setogramas é um procedimento trabalhoso. Seria necessário comparar, um a um, cada par de setores das duas operações. O ideal seria "ver", de imediato, a importância das diferenças entre os pares de proporções, ressaltando-se, ao lado, a situação negativa ou positiva dessa variação.

Alcança-se isso na segunda solução, em que se constroem dois gráficos de barras opostas, o primeiro para a exportação e a importação, o qual desembocará num segundo, alinhado ao primeiro, para a variação exportação-importação em pontos porcentuais (Fig. 3.47).

Esse gráfico, numa etapa seguinte, poderia convergir para um gráfico de barras opostas com as variações negativas e positivas em pontos porcentuais, agora contrapondo, porém, as maiores variações negativas às maiores variações positivas e revelando, assim, a oposição entre o *deficit* e o *superavit* da balança comercial, cotejada entre os grupos das seções de mercadorias (Fig. 3.48).

O "perfil" formado pelos dois grupos de seções de mercadorias com comportamentos opostos não podia ser "visto" por meio dos dois setogramas iniciais, perdendo-se o que mais se tinha interesse em saber! Note-se que, nesse gráfico, não há a necessidade de adotar uma variação visual seletiva para discriminar as barras, dispensando-se completamente a legenda. Cada barra é reconhecida pela nomenclatura das seções de mercadorias

BRASIL: COMÉRCIO DE MERCADORIAS COM OS PAÍSES DA ALADI – VARIAÇÃO EM PONTOS PORCENTUAIS ENTRE EXPORTAÇÕES E IMPORTAÇÕES SEGUNDO AS PRINCIPAIS SEÇÕES – 2005

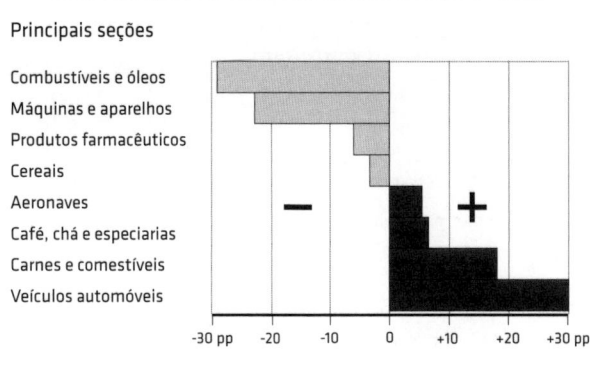

Fig. 3.48 Gráfico de barras opostas
Fonte dos dados: Aladi (2008).

que a antecede. A oposição entre as variações negativas e positivas dos grupos de seções será dada pelo contraste entre o cinza escuro e o cinza claro.

Setogramas para cotejar a alteração da estrutura de um fenômeno entre duas datas

A seguir, será apresentado o uso de setogramas para cotejar a alteração da estrutura das exportações brasileiras para os países da Aladi entre 1995 e 2005. Seja a elaboração de dois setogramas com base na Tab. 3.24, que apresenta as exportações para esses anos em porcentagem.

Será considerada, como primeira solução, a construção de dois setogramas, um para 1995 e outro para 2005 (Fig. 3.49).

BRASIL: COMÉRCIO DE MERCADORIAS COM OS PAÍSES DA ALADI – VALOR DAS EXPORTAÇÕES E IMPORTAÇÕES EM PORCENTAGEM SEGUNDO AS PRINCIPAIS SEÇÕES – 2005

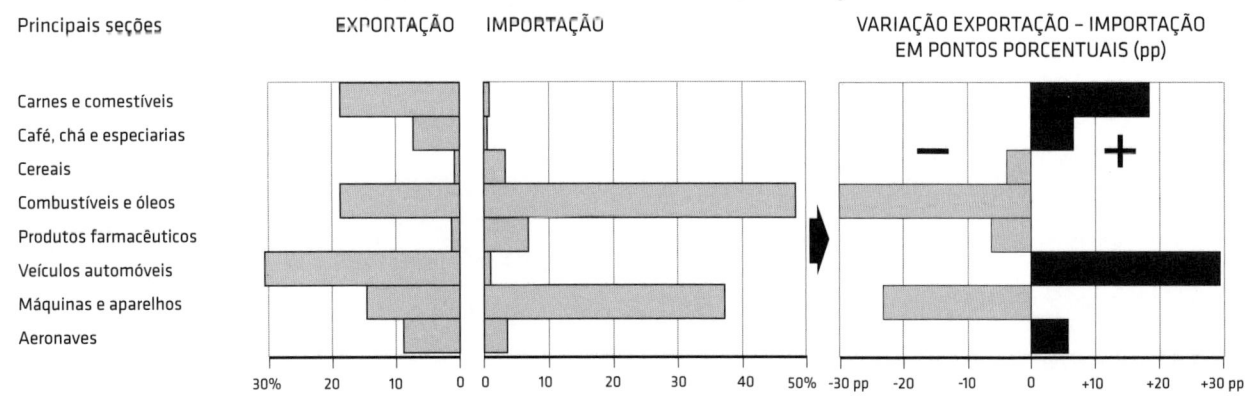

Fig. 3.47 Gráficos de barras opostas
Fonte dos dados: Aladi (2008).

Tab. 3.24 Brasil: comércio de mercadorias com os países da Aladi – valor das exportações em porcentagem segundo as principais seções – 1995/2005

Principais seções	1995	2005
	%	%
Carnes e comestíveis	11,96	18,95
Café, chá e especiarias	25,68	7,04
Cereais	0,13	0,53
Combustíveis e óleos	5,07	18,74
Produtos farmacêuticos	1,37	1,25
Veículos automóveis	33,80	30,44
Máquinas e aparelhos	18,57	14,33
Aeronaves	3,42	8,72
Total	100,00	100,00

Fonte: Aladi (1995, 2008).

Entretanto, a expressão por setogramas torna-se, para o confronto desejado, uma tarefa dificultosa. Seria necessário confrontar, um a um, cada par de setores homólogos.

Desse modo, seria ideal, numa segunda solução, construir um gráfico em barras opostas que possibilitasse "ver" facilmente a oposição entre os pares de proporções, acompanhado de outro gráfico, também de barras opostas, alinhado ao primeiro, que revelasse imediatamente a situação negativa ou positiva das variações.

Inicialmente, será conveniente recompor a Tab. 3.24, acrescentando uma coluna para a variação, desdobrada em duas, onde se disporá a diferença algébrica negativa ou positiva, em pontos porcentuais, da subtração entre os dados de 2005 e 1995. O resultado será a Tab. 3.25, com base na qual serão construídos os gráficos de barras opostas, dispostos lado a lado, que são mostrados na Fig. 3.50.

Numa terceira solução, permutam-se as barras, reorganizando-as ordenadamente, das maiores diferenças negativas para as maiores diferenças positivas, passando pelo zero, se houver. Dessa operação resultará um "perfil" que evidenciará a oposição entre dois grupos de seções de mercadorias, revelando uma significativa mudança no comportamento das exportações brasileiras, que é o que mais se tinha interesse em saber (Fig. 3.51).

BRASIL: EVOLUÇÃO DO COMÉRCIO DE MERCADORIAS COM OS PAÍSES DA ALADI – VALOR DAS EXPORTAÇÕES EM PORCENTAGEM SEGUNDO AS PRINCIPAIS SEÇÕES – 1995/2005

EXPORTAÇÕES

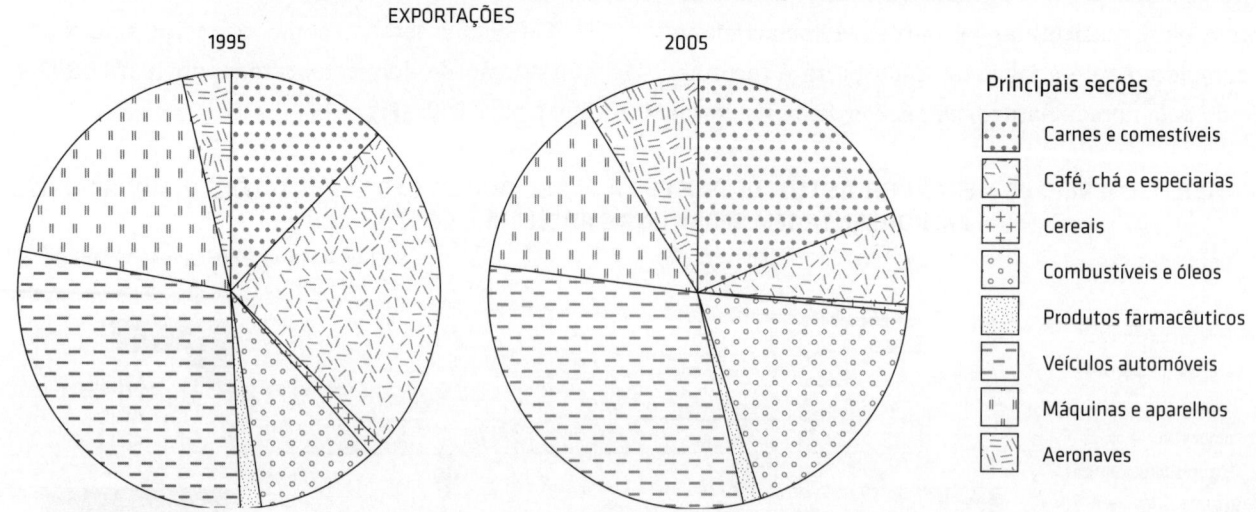

Fig. 3.49 Setogramas evolutivos no tempo
Fonte dos dados: Aladi (1995, 2008).

Tab. 3.25 Brasil: comércio de mercadorias com os países da Aladi – valor das exportações em porcentagem e variação em pontos porcentuais, segundo as principais seções – 1995/2005

Principais seções	1995	2005	Variação 2005-1995 em pontos porcentuais (pp)	
	(%)	(%)	–pp	+pp
Carnes e comestíveis	11,96	18,95	–	+6,99
Café, chá e especiarias	25,68	7,04	–18,64	–
Cereais	0,13	0,53	–	+0,40
Combustíveis e óleos	5,07	18,74	–	+13,67
Produtos farmacêuticos	1,37	1,25	–0,12	–
Veículos automóveis	33,80	30,44	–3,36	+29,66
Máquinas e aparelhos	18,57	14,33	–4,24	–
Aeronaves	3,42	8,72	–	+5,41
Total	100,00	100,00	–	–

Fonte: Aladi (1995, 2008).

BRASIL: COMÉRCIO DE MERCADORIAS COM OS PAÍSES DA ALADI – VALOR DAS EXPORTAÇÕES EM PORCENTAGEM E VARIAÇÃO EM PONTOS PERCENTUAIS, SEGUNDO AS PRINCIPAIS SEÇÕES – 1995/2005

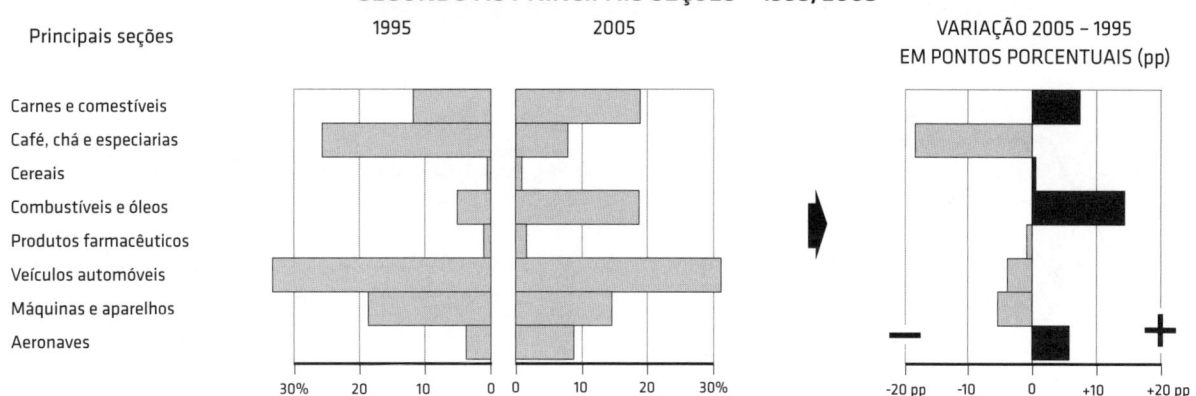

Fig. 3.50 Gráficos de barras opostas
Fonte dos dados: Aladi (1995, 2008).

BRASIL: COMÉRCIO DE MERCADORIAS COM OS PAÍSES DA ALADI - VARIAÇÃO EM PONTOS PORCENTUAIS DAS EXPORTAÇÕES SEGUNDO AS PRINCIPAIS SEÇÕES – 1995/2005

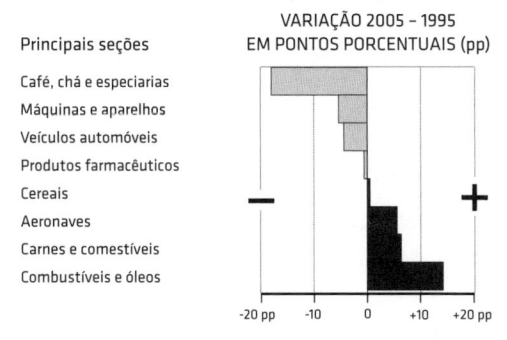

Fig. 3.51 Gráfico de barras opostas
Fonte dos dados: Aladi (1995, 2008).

3.2.3 O sistema triangular

Os gráficos elaborados no sistema triangular são ideais para mostrar estruturas com três componentes cuja soma é constante. O sistema tem por base um triângulo equilátero com divisões em módulos iguais nos seus três lados (Fig. 3.52).

Esse sistema considera três distâncias sobre os lados de um triângulo equilátero, a partir de três origens, que são seus vértices. As distâncias marcam medidas, de onde saem paralelas aos lados adjacentes aos vértices, considerados como origens. As três paralelas se cruzam em um ponto (P) no interior do triângulo, o qual significa a correspondência entre os três componentes de uma estrutura (Fig. 3.53).

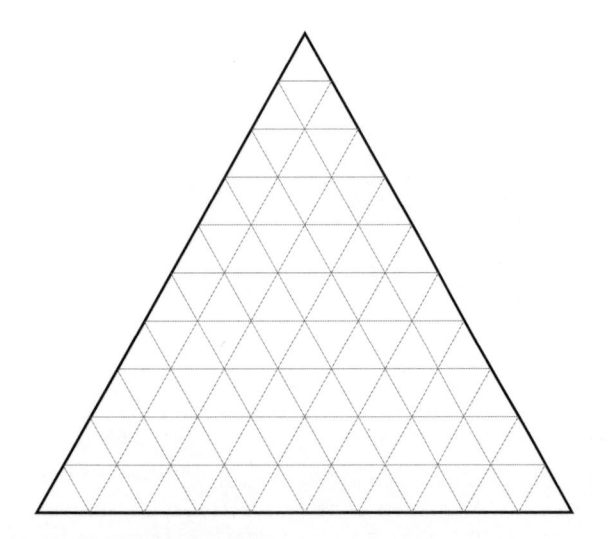

Fig. 3.52 Base triangular

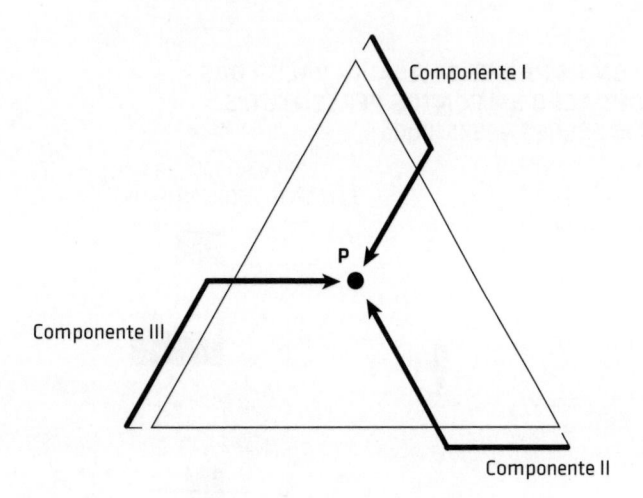

Fig. 3.53 Os três componentes de uma estrutura

O gráfico triangular

O gráfico elaborado no sistema triangular, chamado comumente de gráfico triangular, permite sintetizar, em uma única notação (um ponto no interior do triângulo), uma estrutura ternária específica, isto é, uma variável formada por três parcelas colineares. Como exemplos, têm-se a estrutura etária de uma população (jovens, adultos e idosos) e sua estrutura socioprofissional (primário, secundário e terciário), bem como as estruturas fundiária (propriedades pequenas, médias e grandes), do solo (areia, argila e silte) e da utilização das terras (lavouras, pastagens e matas).

Assim, na prática, a construção do gráfico triangular toma por base um triângulo equilátero com cada lado correspondendo a um componente da estrutura (I, II e III) e tendo uma escala de 0% a 100%, com módulos iguais a 10%, no sentido horário (Fig. 3.54). Com base nos valores dados, traçam-se paralelas aos lados adjacentes aos pontos de origem das escalas, que se encontrarão no já citado ponto (P).

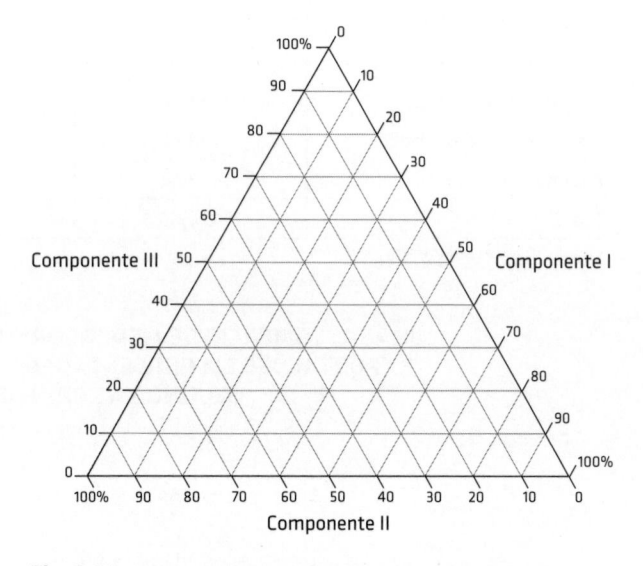

Fig. 3.54 Triângulo com os lados divididos em módulos iguais, em porcentagem

Para seu traçado analógico, existe, no comércio especializado, um papel apropriado, denominado papel isométrico, com malhas triangulares de 1 cm de lado, que facilita sobremaneira a elaboração dessa modalidade de gráfico.

As distintas combinações dos componentes I, II e III da variável considerada são sintetizadas por meio da posição dos pontos no interior do triângulo. Cada ponto é uma estrutura, que deve ser identificada, por exemplo, por um número ou letra, reconhecida por uma legenda em forma de tabela.

As três medianas (segmentos de reta que ligam cada vértice ao meio do lado oposto: 50%), ao serem traçadas, vão se encontrar num ponto no centro do triângulo, sendo assim definida uma estrutura equitativa e delimitadas três zonas de predominância. Isso significa que, se um ponto P cair na zona I, a estrutura é composta predominantemente pelo componente I. Ao apreciar o gráfico, verifica-se que o ponto P contabiliza uma estrutura com mais de 50% no componente I e menos de 50% nos componentes II e III (Fig. 3.55).

Seja a representação por gráfico triangular da série geográfica e específica apresentada na Tab. 3.26, que trata da estrutura da exploração agropecuária por utilização das terras do Brasil, segundo as Grandes Regiões, em 2006.

Ao elaborar o gráfico triangular dessa tabela, deve-se ter em mente que cada lado do triângulo comporta uma escala de 0 a 100%, como visto anteriormente. Em cada lado deverá ser anotado um componente da estrutura apresentada pela tabela, e, com base nos valores em porcentagem, deverão ser traçadas paralelas aos lados adjacentes às origens das escalas. No cruzamento das três linhas, haverá o ponto referente à correspondência entre os três componentes, isto é, a estrutura que deve ser marcada com alguma identificação (número ou letra).

A Fig. 3.56 apresenta o gráfico da estrutura agropecuária do Brasil (BR) em 2006, que, de acordo com a Tab. 3.26, é dada por: 18,87% de lavouras, 50,07% de pastagens e 31,06% de matas.

Fazer o mesmo para as cinco Grandes Regiões brasileiras resultará na representação do conjunto, que será visualizada mediante uma nuvem de pontos, caracterizada ou por um único agrupamento, de forma concentrada ou dispersa, ou por vários agrupamentos distintos (Fig. 3.57).

O uso dos gráficos triangulares: leitura, análise e interpretação

Após a leitura do título e a constatação dos três componentes da variável representada e de suas respectivas escalas porcentuais, passa-se a analisar e interpretar o gráfico.

A distribuição dos pontos no interior do triângulo mostrará a característica do conjunto das estruturas. São categorias de objetos (espécies, lugares, caminhos, áreas, datas) definidas pela posição que ocupam no triângulo (na Fig. 3.57, os pontos representam as estruturas da exploração agropecuária por utilização das terras, segundo as Grandes Regiões brasileiras, em 2006).

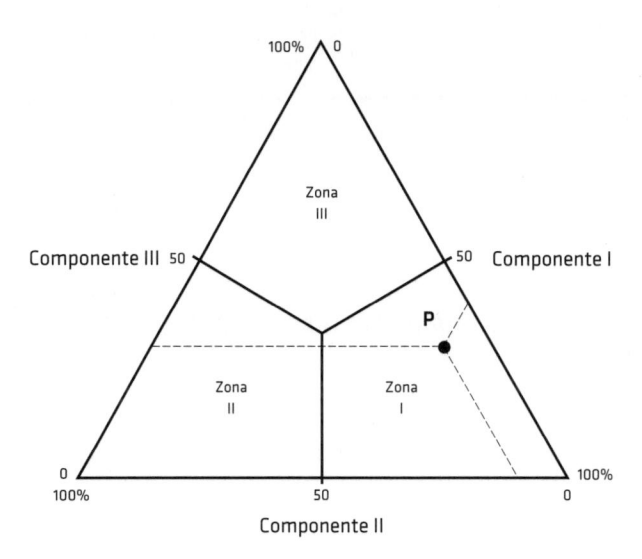

Fig. 3.55 As três zonas de predominância

Tab. 3.26 Brasil: estrutura da exploração agropecuária por utilização das terras, segundo as Grandes Regiões – 2006

Nº de ordem	Grandes Regiões	Área dos estabelecimentos recenseados					
		Lavouras (áreas em ha)	%	Pastagens (áreas em ha)	%	Matas (áreas em ha)	%
1	Norte	4.205.085	7,93	26.524.174	50,04	22.276.680	42,03
2	Nordeste	15.162.858	21,19	30.539.604	42,68	25.855.578	36,13
3	Sudeste	13.172.784	25,37	27.561.143	53,08	11.191.262	21,55
4	Sul	15.094.335	38,32	15.610.729	39,63	8.682.912	22,05
5	Centro-Oeste	12.211.556	12,07	58.518.216	57,82	30.473.195	30,11
BR	BRASIL	59.846.618	18,87	158.753.866	50,07	98.479.627	31,06

Fonte dos dados: IBGE (2006).

BRASIL: ESTRUTURA AGROPECUÁRIA – 2006

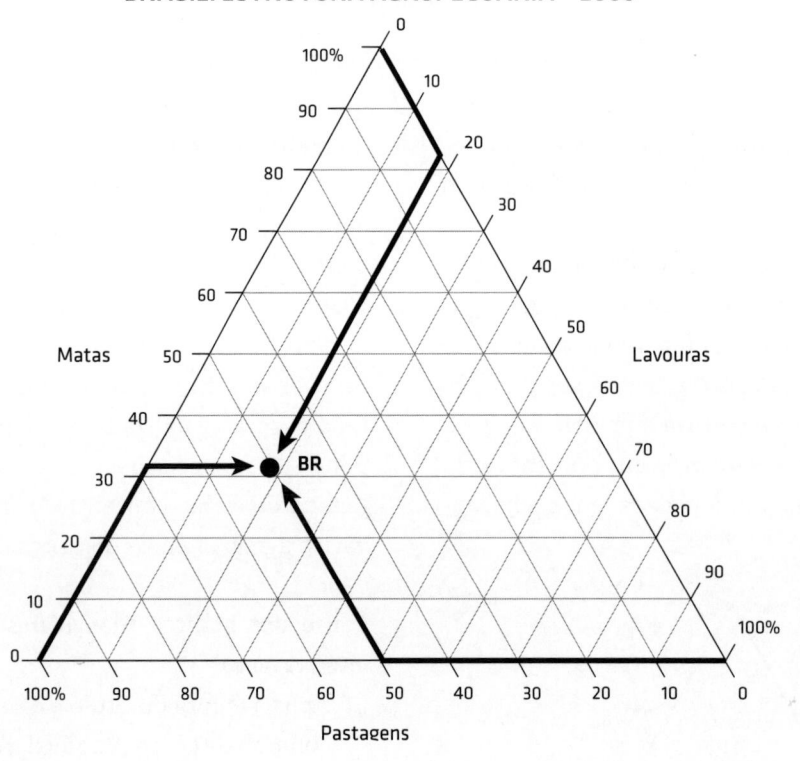

Fig. 3.56 Gráfico triangular
Fonte dos dados: IBGE (2006).

BRASIL: ESTRUTURA DA EXPLORAÇÃO AGROPECUÁRIA POR UTILIZAÇÃO DAS TERRAS, SEGUNDO AS GRANDES REGIÕES – 2006

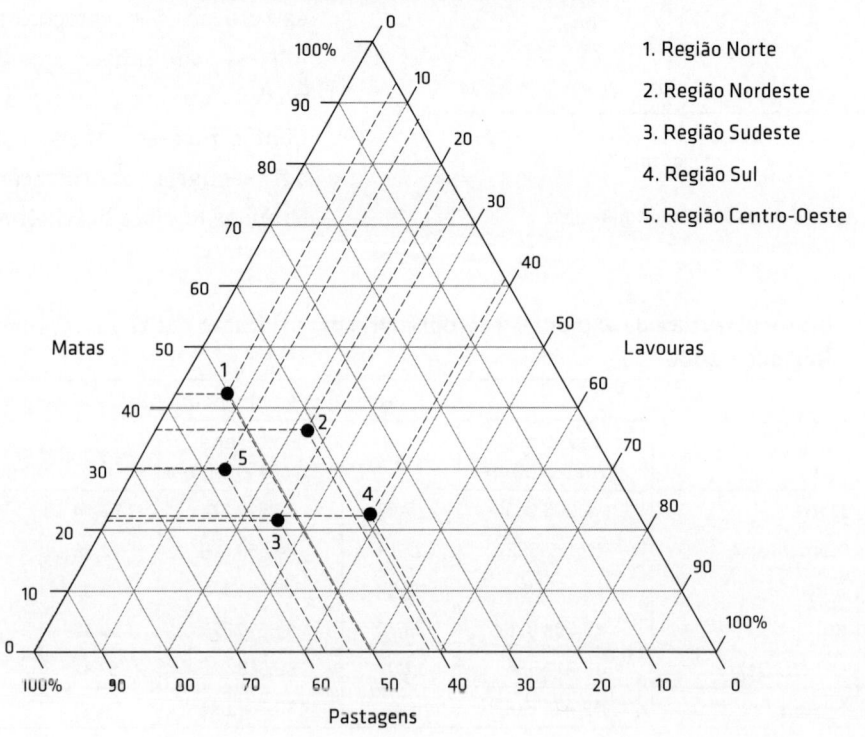

1. Região Norte
2. Região Nordeste
3. Região Sudeste
4. Região Sul
5. Região Centro-Oeste

Fig. 3.57 Gráfico triangular para as cinco Grandes Regiões
Fonte dos dados: IBGE (2006).

No caso de a representação se reportar a um grande número de estruturas, elas configurarão uma nuvem de pontos. É possível interpretá-la verificando se os pontos se organizam formando agrupamentos naturais sem qualquer ambiguidade, o que significa a constituição de regiões com características advindas da combinação dos três componentes. Isso não acontece no gráfico da Fig. 3.57, sobre o qual não se pode dizer muita coisa, por contar apenas com cinco pontos, portanto, cinco estruturas.

capítulo 4
As redes

4.1 Os antecedentes

O primeiro a elaborar uma rede foi, provavelmente, o matemático suíço Leonhard Euler, ao publicar, em 1736, um artigo sobre o enigma proposto aos habitantes da cidade de Königsberg, atual Kaliningrado, na Rússia. O enigma desafiava os cidadãos a fazer uma caminhada passando somente uma vez por cada uma das sete pontes que interligavam os bairros da cidade, cortada pelo rio Prególia (Fig. 4.1).

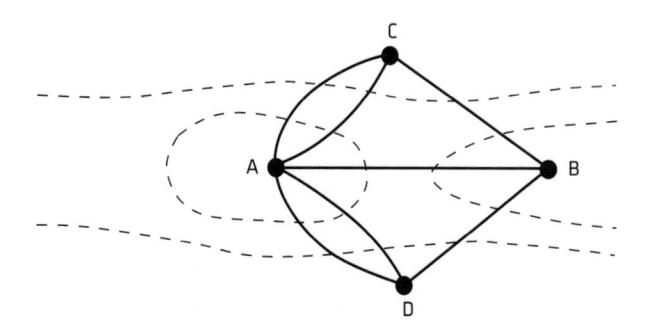

Fig. 4.2 Rede como um grafo, representando as ligações entre as partes da cidade, que mostra ser impossível passar uma só vez pelas sete pontes
Fonte: Newman (1953).

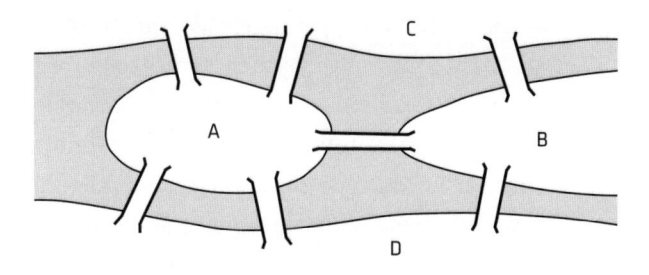

Fig. 4.1 As sete pontes interligando as partes A, B, C e D de Königsberg
Fonte: Newman (1953).

Para estudar o problema, o matemático organizou um modelo simplificado das ligações entre as partes da cidade, e provou que não existia solução para a questão. Com isso, ele não só esclareceu a natureza do desafio como também cunhou uma teoria, a teoria dos grafos, que poderia ser aplicada a problemas similares. O grafo é um conjunto de pontos, os nós, conectados por linhas, as arestas (Fig. 4.2).

Outra construção gráfica em rede é o dendrograma. Diz-se que foi Charles Darwin o primeiro a estruturar uma construção gráfica em rede com um esboço em árvore, ao compor a árvore filogenética, ou seja, a árvore da vida, por volta de 1837, registrando-a em um de seus cadernos de anotações sobre a teoria da evolução (origem das espécies). Nessa construção, Darwin representou as relações de ancestralidade e descendência por meio de linhas que se bifurcavam de acordo com a existência, no passado, de um evento que tenha transformado uma espécie em duas novas (Fig. 4.3).

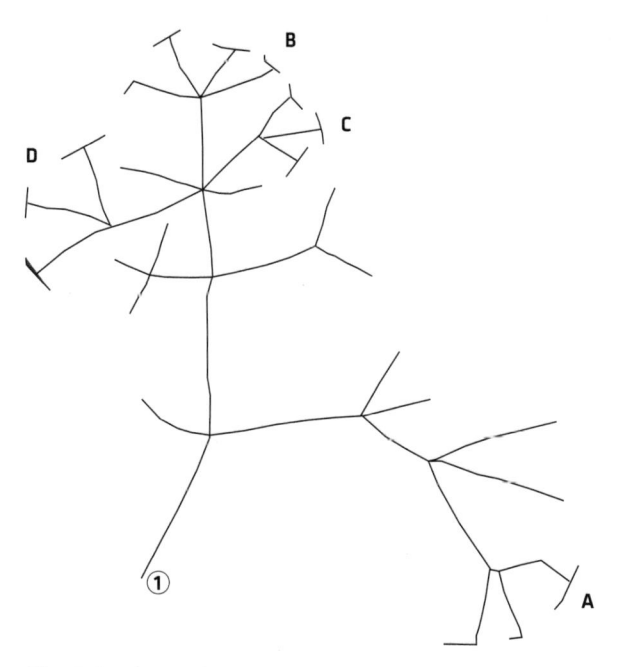

Fig. 4.3 Árvore filogenética de Darwin

Outro tipo de rede em formato de árvore é a árvore genealógica, que há milhares de anos tem um significado social.

Na Antiguidade, parece não ter havido nenhum registro gráfico de genealogia. Em Roma, onde o culto aos antepassados era básico na organização social e na legitimação política, existiram toscos modelos de genealogia. Durante a Idade Média, na Europa, surgiram representações gráficas em formato de árvore, porém ainda muito singelas, mormente de genealogias bíblicas e imperiais. Os esboços mais antigos encontram-se nos monastérios do norte da Itália.

As primeiras representações de genealogias não bíblicas foram organizadas entre o fim do século X e o século XII nos monastérios europeus. Nesse período, e prolongando-se até o século XIII, o conhecimento sobre as linhagens das famílias nobres tinha marcante significado.

Outra expressão gráfica de genealogia digna de nota do século X é a Árvore de Jessé, uma representação da árvore genealógica de Jesus a partir de Jessé, pai do rei Davi. Ela foi utilizada como motivo de muitas decorações na arte cristã entre os séculos XII e XV.

Com a asseveração dos ramos científicos, donde também a sistematização da genealogia, confirmou-se a árvore genealógica, com os antepassados e descendentes de determinada pessoa, como parte dos objetivos de estudo das famílias.

No Império Romano, as redes eram construídas em outros formatos, embora no início em nível de esboços mentais por causa da preocupação com sua estrutura organizacional. As redes elaboradas, como os atuais organogramas, fluxogramas e cronogramas, só tiveram maior afirmação com a Revolução Industrial. Isso se deve ao fato de que as indústrias começaram a se preocupar com a avaliação do trabalho, tendo em vista minimizar tempos, movimentos e desperdícios nas operações, e as empresas, com esses cuidados, começaram a ter maior complexidade.

Credita-se a criação do organograma ao norte-americano Daniel McCallum, por volta de 1856, quando administrava ferrovias nos Estados Unidos. Desde sua criação, o organograma é um instrumento fundamental para as empresas, pois, além de facilitar o conhecimento sobre a organização das relações dentro dela e de como se consubstancia sua estrutura, sua análise permite identificar problemas ou oportunidades de melhoria.

Na atualidade, construções gráficas estruturadas como redes são amplamente difundidas e utilizadas, tendo-se à disposição inúmeros *softwares* capazes de montar as mais variadas derivações condizentes com as mais específicas exigências e aplicações.

4.2 Elaboração e uso

Elaborar uma rede significa explorar, sobre o plano bidimensional (X, Y), as correspondências entre todos os dados de um mesmo componente da informação: as relações de diálogo entre indivíduos dispostos em torno de uma mesa, por exemplo. Uma correspondência define um nó na rede de ligações, o qual tem a liberdade de se situar em qualquer ponto do plano. O que mais importa é procurar a disposição que ofereça o mínimo de cruzamentos das ligações, constituindo uma figura simples, a mais eficaz. Essa disposição, tal como descrita, é que dará significado ao plano. Assim, para uma mesma informação são possíveis diferentes construções gráficas (Fig. 4.4).

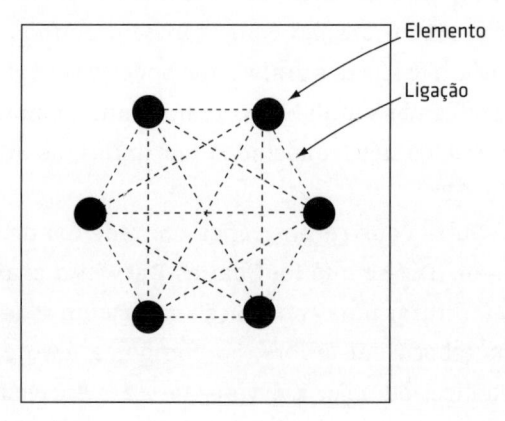

Fig. 4.4 Rede
Fonte: Bertin (1973).

Sejam sete pessoas sentadas em volta de uma mesa, participando de uma reunião (Fig. 4.5). As falas poderão se entrecruzar, dificultando muito o andamento dos trabalhos. Vale a pena, então, que as pessoas mudem de lugar, acomodando-se de maneira a propiciar maior fluidez aos relacionamentos.

A rede como representação gráfica das relações de conversa entre as pessoas à mesa pode resultar confusa (Fig. 4.6).

Essa rede possibilita um rearranjo entre nós e ligações, de modo a tornar as relações mais fluidas, evitando cruzamentos. Será buscada uma disposição ótima dos participantes da reunião (Fig. 4.7).

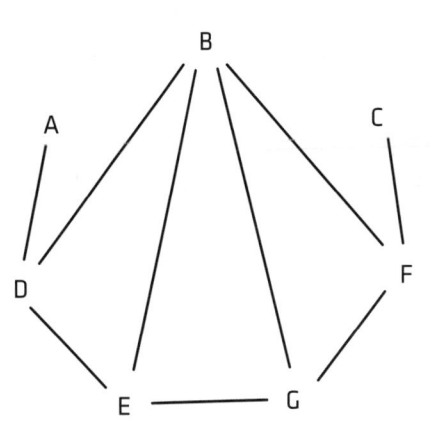

Fig. 4.7 Rede rearranjada, com uma disposição ótima dos participantes da reunião
Fonte: Bertin (1973).

As redes podem constituir quatro tipos principais de construção gráfica: dendrograma, organograma, fluxograma e cronograma. Além dessas derivações, existem outras estruturas que se apresentam como rede. Uma de significativa presença no estudo das redes é a que se compõe como grafo. Outra proposta de rede análoga ao grafo é a que organiza o mapa conceitual.

4.2.1 O dendrograma

A rede chamada de árvore de ligações é aquela na qual há somente um caminho possível para ir de um ponto (o ápice) a outro, como é o caso da árvore genealógica (Fig. 4.8).

Os dendrogramas possuem várias derivações, com diferentes aplicações. Como árvore genealógica, o dendrograma é bem conhecido. Trata-se de uma estrutura em rede em que se colocam os graus de parentesco entre os componentes de uma família, trazendo o histórico dos ancestrais de um indivíduo. Recebeu esse nome por se apresentar de modo semelhante às ramificações de uma árvore que partem de um mesmo tronco.

As árvores genealógicas também podem ser organizadas em sentido inverso, começando de um ancestral comum, que se colocaria na raiz da árvore, até atingir todos os seus descendentes, que seriam dispostos nos ramos.

Fig. 4.5 Os sete participantes de uma reunião

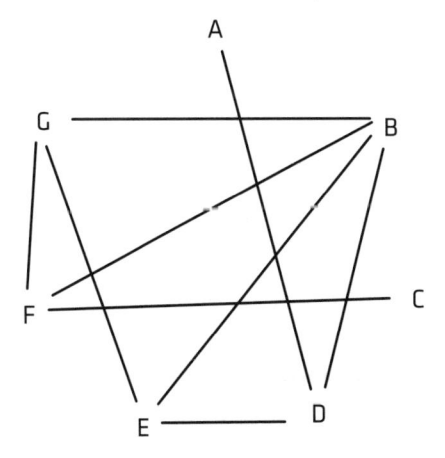

Fig. 4.6 Rede representando as relações de conversa entre as pessoas à mesa
Fonte: Bertin (1973).

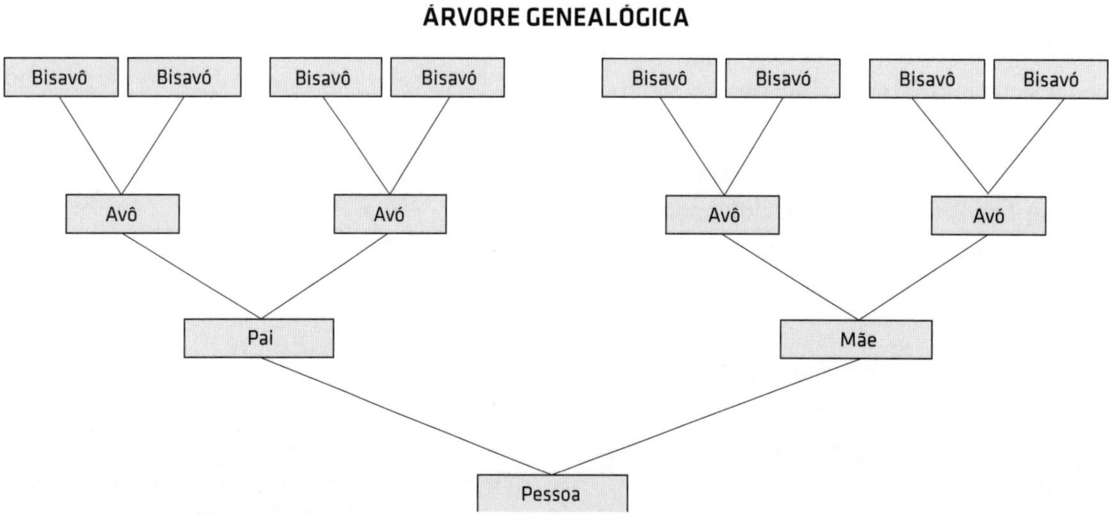

ÁRVORE GENEALÓGICA

Fig. 4.8 Árvore genealógica de uma família

Nos trabalhos, mesmo de Geografia, em que se faz presente a informação quantitativa multivariada, recorre-se a determinados métodos matemáticos para os devidos procedimentos, podendo comparecer nesses métodos os dendrogramas, aqui chamados também de árvores de ligações.

Uma informação é dita multivariada quando descreve um conjunto de unidades espaciais de observação mediante muitos dados, que são variáveis, considerados simultaneamente. Um exemplo de informação multivariada é a representação dos tipos de estruturas de utilização das terras para 2006 (Fig. 2.45), em que foi empregado um processamento de dados relativamente simples, o gráfico triangular (Fig. 2.44).

Em situações mais complexas, como em uma regionalização multivariada para um território, isto é, uma regionalização definida com base em várias variáveis tomadas conjuntamente, colocam-se em prática métodos estatístico-matemáticos, como a análise fatorial complementada pela análise de agrupamento.

Para esse desenvolvimento, calcula-se inicialmente o índice de correlação entre cada par de variáveis e depois se procuram relações entre as várias variáveis. Os grupos de variáveis que se destacam constituem os fatores, que serão considerados pela ordem de importância, conforme a proporção da variação total em porcentagem entre as variáveis que se acumulam em cada fator.

Mostram-se, a seguir, as ponderações de cada uma delas individualmente nos fatores, organizando-se uma matriz de unidades geográficas por fatores, em que bastam os dois primeiros.

Agora é chegada a vez de aplicar a análise de agrupamento aos fatores, que se exibem visualmente por meio de uma árvore de ligações, um dendrograma, o qual representa uma classificação em base multivariada. Com base no dendrograma, decide-se cortá-lo em um nível de agregação em que se obtenha um razoável número de grupos de unidades espaciais, com aceitável cotação de mínima variância no interior dos grupos e de máxima variância entre os grupos.

Na Fig. 4.9 é mostrado o dendrograma do agrupamento dos municípios do Pontal do Paranapanema, no extremo oeste do Estado de São Paulo, em função de variáveis relacionadas à agropecuária para o ano de 2006, com corte no nível de agregação 0,75, numa escala de 0,0 a 1,0 (Firetti et al., 2010). Esse corte estabeleceu nove grupos de municípios.

4.2.2 O organograma

É uma rede que representa a estrutura formal de uma organização e permite várias opções de caminho entre as linhas e caixas de sua estrutura. Deve mostrar como estão dispostas as unidades funcionais, a hierarquia e as relações de comunicação existentes entre essas unidades (Fig. 4.10).

ÁRVORE DO AGRUPAMENTO

Nove grupos de municípios

1. Alfredo Marcondes, Indiana, Álvares Machado, Estrela do Norte, Tarabai, Rosana
2. Mirante do Paranapanema
3. Presidente Prudente
4. Santo Anastácio
5. Anhumas, Ribeirão dos Índios, Emilianópolis, Santo Expedito, Caiabu, João Ramalho, Piquerobi, Narandiba, Iepê, Sandovalina, Nantes
6. Pirapozinho, Regente Feijó, Presidente Bernardes, Taciba
7. Caiuá, Marabá Paulista, Euclides da Cunha Paulista, Presidente Venceslau, Presidente Epitácio
8. Martinópolis, Teodoro Sampaio
9. Rancharia

Corte no nível de agregação de 0,75

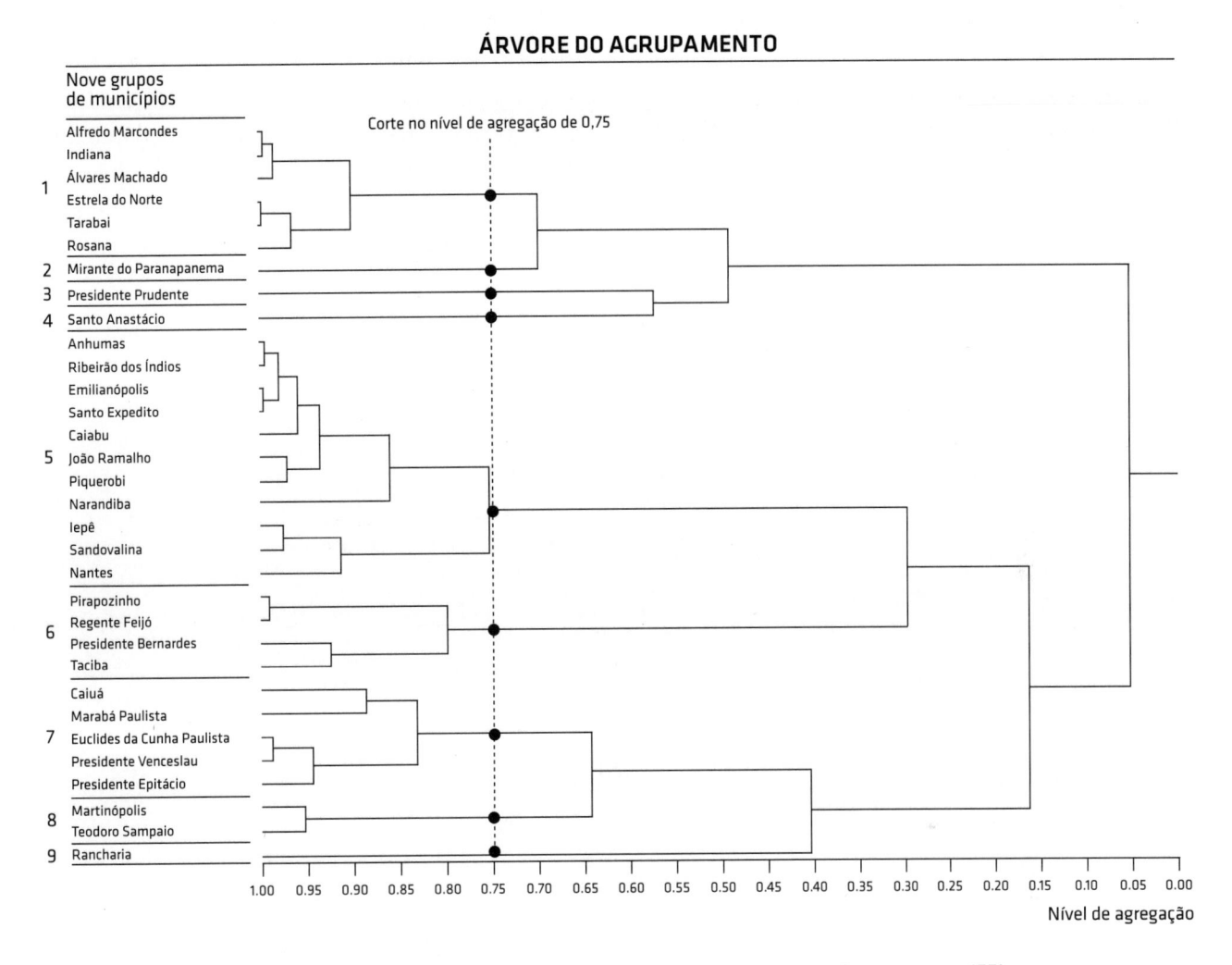

Nível de agregação: 1.00 0.95 0.90 0.85 0.80 0.75 0.70 0.65 0.60 0.55 0.50 0.45 0.40 0.35 0.30 0.25 0.20 0.15 0.10 0.05 0.00

Fig. 4.9 Árvore do agrupamento que estabeleceu nove grupos de municípios no Pontal do Paranapanema (SP)
Fonte: Firetti et al. (2010).

ORGANOGRAMA

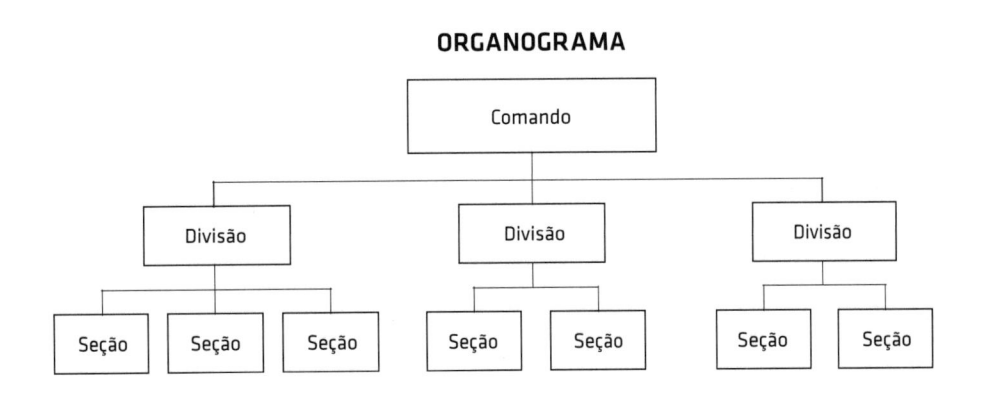

Comando → Divisão, Divisão, Divisão → Seção, Seção, Seção, Seção, Seção, Seção, Seção

Fig. 4.10 Organograma da estrutura de uma organização

4.2.3 O fluxograma

É a representação de um processo geralmente feita por meio de caixas de vários formatos e de flechas que mostram a transição entre os elementos que a compõem. Trata-se de uma rede com caminhos que mostram o encadeamento de etapas num processo, sempre possuindo um início, um sentido de leitura ou fluxo e um fim, como exemplificado na Fig. 4.11, que mostra a produção de biodiesel.

Os fluxogramas são muito utilizados nas fábricas e indústrias para a organização de produtos e processos. Merece destaque o denominado diagrama de fluxo de dados (DFD), que explora a estrutura gráfica para a modelagem e a documentação de sistemas computacionais.

FLUXOGRAMA DA PRODUÇÃO DE BIODIESEL

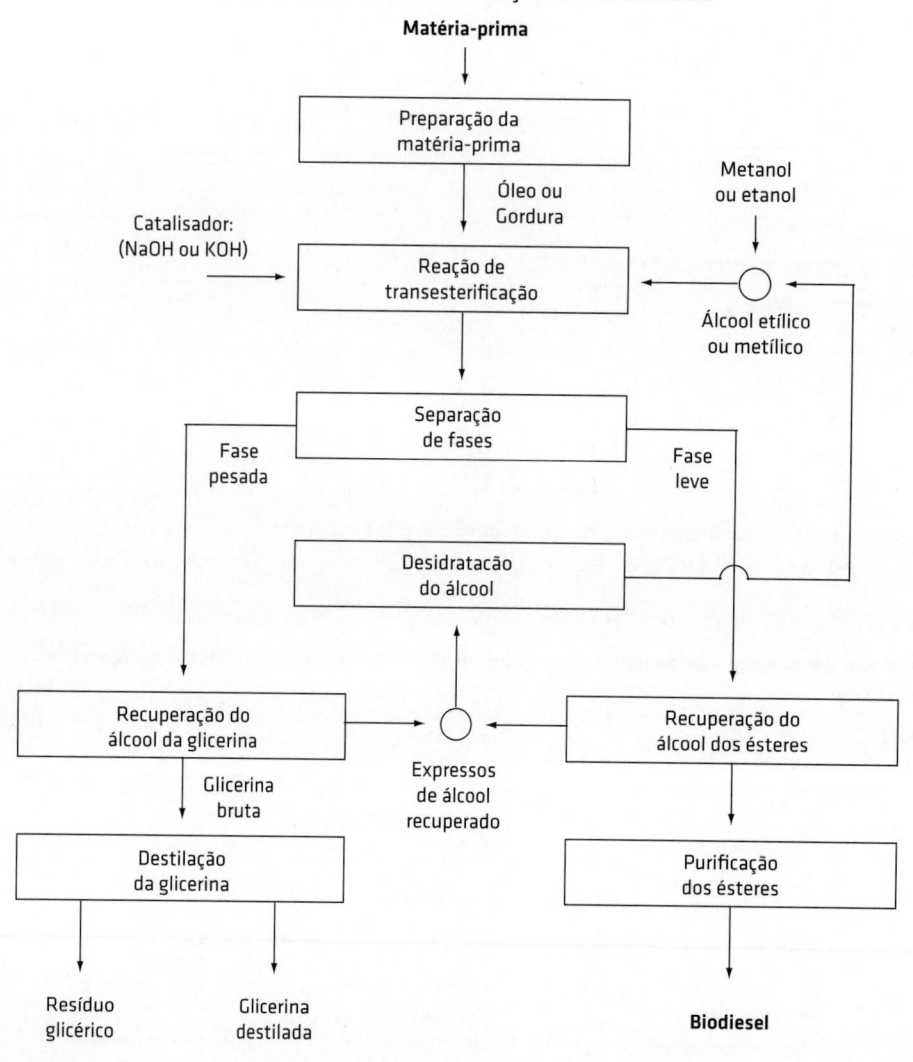

Fig. 4.11 Fluxograma de processo
Fonte: Parente (2003).

4.2.4 O cronograma

É uma rede com cursos de variado comprimento, cada um com início e fim bem definidos no tempo para a execução de cada etapa de atividades de um trabalho, pesquisa ou projeto. Permite o gerenciamento e controle do empreendimento, possibilitando clara visualização de seu andamento (Fig. 4.12).

As atividades e os períodos serão definidos com base nas características de cada empreendimento e nos critérios determinados pelo seu autor. Os períodos podem ser divididos em dias, semanas, quinzenas, meses, bimestres, trimestres etc.

4.2.5 O grafo

O grafo compõe uma rede geográfica, isto é, um mapa como o das redes de vias de circulação redesenhado por linhas retas ligando pontos. A Fig. 4.13 mostra o mapa de uma linha real de metrô e sua representação como grafo.

Quando os grafos são direcionados, denominam-se dígrafos e passam a exibir flechas nas conexões, também ditas arcos, entre os vértices (Fig. 4.14).

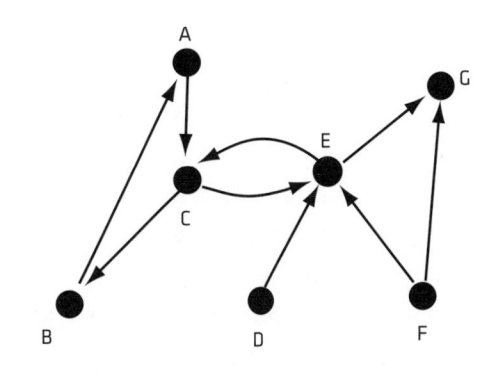

Fig. 4.14 Dígrafo
Fonte: Howling e Hunter (1977).

CRONOGRAMA

Nº	Atividades	Períodos e meses	1	2	3	4	5	6	7	8	9	10
1	Levantamento de bibliografia											
2	Levantamento de iconografia											
3	Coleta de dados											
4	Tratamento de dados											
5	Elaboração de mapas											
6	Avaliação e interpretação											
7	Redação final											

Fig. 4.12 Cronograma de um projeto de pesquisa
Fonte: Sebrae (2010).

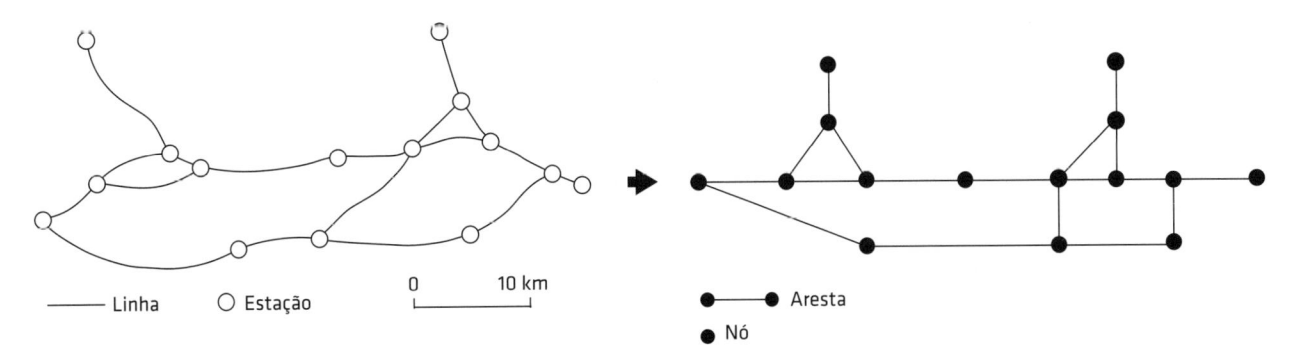

Fig. 4.13 Mapa de uma linha real de metrô e sua representação como grafo
Fonte: Howling e Hunter (1977).

4.2.6 O mapa conceitual

Essa concepção de rede análoga ao grafo é encontrada na proposta de Novak (2006), cuja teoria do mapa conceitual é baseada na teoria da aprendizagem de Ausubel, Novak e Hanesian (1978).

De acordo com Novak (2006), os mapas conceituais são representações significativas para relacionar conceitos em forma de proposições. Além disso, constituem um instrumento para organizar e representar o conhecimento, e devem ser apresentados de modo que as relações entre os conceitos do conjunto fiquem evidentes. Esses conceitos são colocados dentro de caixas, e as relações entre eles, especificadas por meio de frases de ligação nos arcos que os unem. Dois conceitos conectados por uma frase de ligação compõem uma proposição, como ilustra a Fig. 4.15. Já a Fig. 4.16 apresenta o mapa conceitual sobre mapas conceituais.

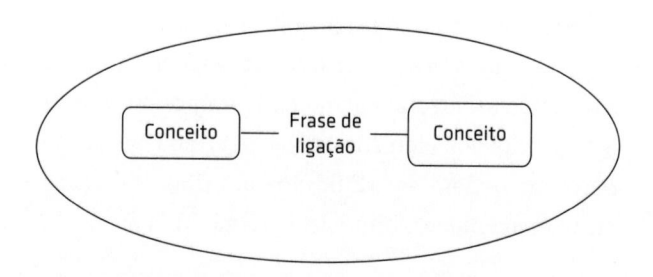

Fig. 4.15 Proposição
Fonte: Novak (2006).

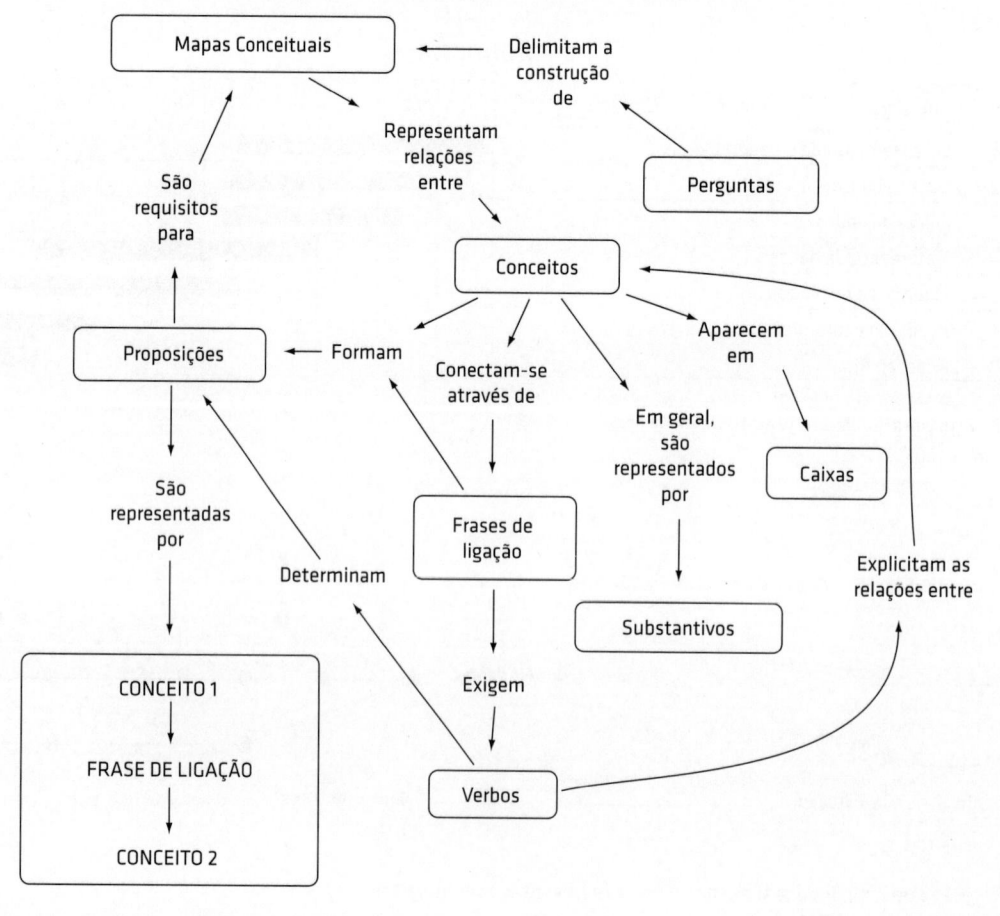

Fig. 4.16 Mapa conceitual para entender os mapas conceituais
Fonte: UFRGS (2010).

Considerações finais

A organização deste livro quis deixar bem claro que o domínio das representações gráficas que mais importa é aquele que inclui mapas, gráficos e redes. Eles são de interesse não só da Geografia, mas de outras áreas científicas e da mídia em geral.

É tão somente com a aprendizagem da gramática da linguagem da representação gráfica que será possível fazer mapas, gráficos e redes de forma correta. Fica-se liberto, assim, de regras e convenções impostas pela tradição, as quais em nada contribuem para o raciocínio utilizado em sua elaboração, privando até mesmo da chance de participar do processo de comunicação que se desencadeia.

Os mapas, gráficos e redes não podem continuar exercendo apenas o mero papel, já tradicional, de ilustrar textos. Ao contrário, eles deverão revelar o conteúdo da informação que orientará o discurso do texto, tornando completa, assim, a comunicação. Resultará daí o entendimento em prol da compreensão a caminho do conhecimento (Wurman, 1991).

Será preciso, de uma vez por todas, desmistificar o caráter "complicado" da elaboração dos mapas, gráficos e redes, tornando-os acessíveis a qualquer pessoa que queira participar desse domínio particular da comunicação visual, de forma fácil e correta.

Referências bibliográficas

ACI - ASSOCIATION CARTOGRAPHIQUE INTERNATIONALE. Basic cartography for students and technicians. 2. ed. London: Elsevier, 1993. v. 2-3 e exercise manual.

ALADI - ASOCIACIÓN LATINOAMERICANA DE INTEGRACIÓN. Estatísticas de comércio exterior - Brasil. Cebollatí, 1995.

ALADI - ASOCIACIÓN LATINOAMERICANA DE INTEGRACIÓN. Estatísticas de comércio exterior - Brasil. Cebollatí, 2008.

ANDRÉ, A. L'expression graphique: cartes et diagrammes. Paris: Masson, 1980.

AUSUBEL, D. P.; NOVAK, J. D.; HANESIAN, H. Educational psychology: a cognitive view. 2. ed. New York: Holt, Rinehart and Winston, 1978.

BÉGUIN, M. Tendences diverses de la représentation cartographique: l'exemple de la cartographie de la population active. Annales de Géographie, v. 90, n. 501, p. 513-534, 1981.

BÉGUIN, M.; PUMAIN, D. La représentation des données géographiques: statistique et cartographie. Paris: Armand Colin, 2007.

BERTIN, J. Sémiologie graphique: les diagrammes, les réseaux, les cartes. Paris: Gauthier-Villars, 1973.

BERTIN, J. La graphique et le traitement graphique de l'information. Paris: Flammarion, 1977.

BERTIN, J.; GIMENO, R. A lição de cartografia na escola elementar. Boletim Goiano de Geografia, v. 2, n. 1, p. 35-56, 1982.

BONIN, S. Initiation à la graphique. Paris: L'Epi, 1975.

BONIN, S. Novas perspectivas para o ensino da cartografia. Boletim Goiano de Geografia, v. 2, n. 1, p. 73-87, 1982.

BONIN, S. Dossier pédagogique: représentation graphique des structures de population. Espace, Populations, Sociétés, v. 2, p. 539-547, 1991.

BORD, J. P. Initiation géo-graphique. Paris: Sedes, 1984.

BORDENAVE, J. E. D. O que é comunicação. 10. ed. São Paulo: Brasiliense, 1987.

CAUVIN, C. Cartographie thématique: méthodes quantitatives et transformations attributaires. Paris: Hermes Sciences, 2008. v. 3.

CLAVAL, P.; WIEBER, J. C. La cartographie thématique comme méthode de recherche. Paris: Les Belles Lettres, 1969.

COLE, J. P. Geografia quantitativa. Rio de Janeiro: IBGE, 1972.

CUENIN, R. Cartographie générale: notions générales et principes d'élaboration. Paris: Eyrolles, 1972.

CUFF, D. J.; MATTSON, M. T. Thematic map: their design and production. London: Methuen, 1982.

DAEE - DEPARTAMENTO DE ÁGUAS E ENERGIA ELÉTRICA. Boletim hidrometeorológico. São Paulo, 1981.

DENÈGRE, J. Sémiologie et conception cartographique. Paris: Hermes Science, 2005.

DENT, B. D. Principles of thematic map design. California: Addison-Wesley, 1985.

DIAS, M. E. Leitura e comparação de mapas temáticos em geografia. Lisboa: Centro de Estudos Geográficos, 1991.

DNM - DEPARTAMENTO NACIONAL DE METEOROLOGIA. Normais climatológicas. Brasília, 1992.

DODGE, M.; KITCHIN, R.; PERKINS, C. (Ed.). Rethinking maps: new frontiers in cartography theory. London: Routledge, 2009.

DUARTE, P. A. Cartografia temática. Florianópolis: UFSC, 1991.

FILLACIER, J. La pratique de la couleur. Paris: Dunod, 1986.

FIRETTI et al. Agrupamento de municípios do Pontal do Paranapanema, Estado de São Paulo, em função de variáveis relacionadas à agropecuária. 2006. Disponível em: <sober.org.br/palestra/13/663.pdf>. Acesso em: 29 mar. 2010.

FONSECA, F. P.; OLIVA, J. T. Cartografia. São Paulo: Melhoramentos, 2013.

GAUSSEN, H.; BAGNOULS, F. Saison sèche et indice xérothermique. Toulouse, 1953.

GERARDI, L. H. O.; SILVA, B. C. N. Quantificação em geografia. São Paulo: Difel, 1981.

GIMENO, R. Apprendre à l'école par la graphique. Paris: Retz, 1980.

HOLMES, N. Designer's guide to creating charts and diagrams. New York: Watson-Guptill, 1984.

HOWLING, P. H.; HUNTER, L. A. Mapping skills and techniques. Edinburgh: Croythom House, 1977.

IBGE - INSTITUTO BRASILEIRO DE GEOGRAFIA E ESTATÍSTICA. Censo demográfico 1970. Rio de Janeiro, 1971.

IBGE - INSTITUTO BRASILEIRO DE GEOGRAFIA E ESTATÍSTICA. Censo demográfico 1980. Rio de Janeiro, 1981.

IBGE - INSTITUTO BRASILEIRO DE GEOGRAFIA E ESTATÍSTICA. Censo demográfico 1991. Rio de Janeiro, 1993.

IBGE - INSTITUTO BRASILEIRO DE GEOGRAFIA E ESTATÍSTICA. Atlas nacional do Brasil. 3. ed. Rio de Janeiro, 2000.

IBGE - INSTITUTO BRASILEIRO DE GEOGRAFIA E ESTATÍSTICA. Censo agropecuário 2006. Rio de Janeiro, 2006.

IBGE - INSTITUTO BRASILEIRO DE GEOGRAFIA E ESTATÍSTICA. Censo agropecuário 2005-2006. Rio de Janeiro, 2007.

IBGE - INSTITUTO BRASILEIRO DE GEOGRAFIA E ESTATÍSTICA. Anuário estatístico do Brasil. Rio de Janeiro, 2008.

IBGE - INSTITUTO BRASILEIRO DE GEOGRAFIA E ESTATÍSTICA. *Atlas nacional do Brasil Milton Santos*. Rio de Janeiro, 2010.

KRAAK, M. J.; ORMELING, F. *Cartography*: visualization of geospatial data. Enschede: Pearson Education, 2003.

LE SANN, J. G. Os gráficos básicos no ensino de geografia: tipos, construção, análise, interpretação e crítica. *Revista Geografia e Ensino*, v. 11-12, n. 3, p. 42-57, 1991.

LIBAULT, A. *Geocartografia*. São Paulo: Nacional/Edusp, 1975.

LOCH, R. E. N. *Cartografia*: representação, comunicação e visualização de dados espaciais. Florianópolis: Editora da UFSC, 2006.

MacEACHREN, A. M. *How maps work*: representation, visualization and design. New York: Guilford Press, 1995.

MacEACHREN, A. M.; TAYLOR, D. R. F. (Ed.). *Visualization in modern cartography*. Oxford: Elsevier, 1994.

MARTINELLI, M. Orientação semiológica para as representações da geografia: mapas e diagramas. *Orientação*, n. 8, p. 53-62, 1990.

MARTINELLI, M. Os fundamentos semiológicos da cartografia temática. *Coletânea de trabalhos técnicos*. XV Congresso Brasileiro de Cartografia. 1991a. v. 2, p. 419-422.

MARTINELLI, M. O ensino da cartografia temática como alfabetização da linguagem da representação gráfica. *Coletânea de trabalhos técnicos*. XV Congresso Brasileiro de Cartografia. 1991b. v. 3, p. 479-482.

MARTINELLI, M. *As representações gráficas da geografia*: os mapas temáticos. Tese de livre-docência. São Paulo: Ed. do Autor, 1999.

MARTINELLI, M. *Cartografia temática*: caderno de mapas. São Paulo: Edusp, 2003.

MARTINELLI, M. A sistematização da cartografia temática. In: ALMEIDA, R. D. (Org.). *Cartografia escolar*. São Paulo: Contexto, 2007.

MARTINELLI, M. *Mapas da geografia e cartografia temática*. 6. ed. ampl. atual. São Paulo: Contexto, 2013.

MONKHOUSE, F. H.; WILKINSON, H. R. *Maps and diagrams*. 3. ed. London: Methuen, 1971.

MUEHRCKE, P. C. *Map use*: reading, analysis and interpretation. 2. ed. Madison: J. P. Publications, 1986.

NEWMAN, J. Leonhard Euler and the Königsberg bridges. *Scientific American*, v. 189, p. 66-70, 1953.

NOVAK, J. D. *The theory underlying concept maps and how to construct them*. Pensacola: IHMC, 2006.

PALSKY, G. *Des chiffres et des cartes*: naissance et développement de la cartographie quantitative française au XIXe siècle. Paris: CTHS, 1996.

PARENTE, E. J. S. *Biodiesel*: uma aventura tecnológica num país engraçado. Fortaleza: Tecbio/Nutec, 2003.

POIDEVIN, D. *La carte moyen d'action*: guide pratique pour la conception et la réalisation de cartes. Paris: Ellipses, 1999.

RIMBERT, S. *Cartes et graphiques*. Paris: Sedes, 1964.

RIMBERT, S. *Leçons de cartographie thématique*. Paris: Sedes, 1968.

RIMBERT, S. *Carto-graphies*. Paris: Hermès, 1990.

SCHRÖDER, R. Distribuição e curso anual das precipitações no Estado de São Paulo. *Bragantia*, v. 15, n. 18, p. 193-249, 1956.

SEBRAE - SERVIÇO BRASILEIRO DE APOIO ÀS MICRO E PEQUENAS EMPRESAS. *O que é um cronograma? Para que serve?* 2010. Disponível em: <sebraesp.com.br/faq/>. Acesso em: 30 mar. 2010.

SLOCUM, T.; McMASTER, R. B.; KESSLER, F. C.; HOWARD, H. H. *Thematic cartography and geographic visualization*. 2. ed. New Jersey: Prentice Hall, 2005.

STEINBERG, J.; HUSSER, J. *La cartographie dynamique applicable a l'aménagement*. Paris: Sedes, 1988.

TAYLOR, D. R. F. The concept of cybercartography. In: PETERSON, M. (Ed.). *Maps and the internet*. Cambridge: Elsevier, 2005. p. 406.

UFRGS - UNIVERSIDADE FEDERAL DO RIO GRANDE DO SUL. *Mapas conceituais na educação*. 2010. Disponível em: <mapasconceituais.cap.ufrgs.br/mapas.php>. Acesso em: 29 mar. 2010.

WURMAN, R. S. *Ansiedade de informação*. São Paulo: Cultura, 1991.